职业教育"十三五"改革创新规划教材

PLC
技术应用

尚川川　庞新民　主　编

周瑞苏　王沛沛　王素梅　姜云青　副主编

清华大学出版社

北　京

内 容 简 介

本书依据教育部 2014 年颁布《中等职业学校电气技术应用专业教学标准》中"PLC 技术应用"课程的主要教学内容和要求,并参照相关的国家职业技能标准编写而成。

本书主要内容包括 PLC 基础知识与编程软件介绍、基本指令的应用、步进指令的应用、功能指令的应用和综合实训等。与本书配套研发了电子教案、多媒体课件、习题库等丰富的网上教学资源,可免费获取。

本书可作为中等职业学校电气技术应用专业、电气运行与控制专业及相关专业学生的教材,也可作为岗位培训教材。

图书在版编目(CIP)数据

PLC 技术应用/尚川川,庞新民主编.--北京:清华大学出版社,2016

职业教育"十三五"改革创新规划教材

ISBN 978-7-302-42124-5

Ⅰ.①P… Ⅱ.①尚… ②庞… Ⅲ.①plc 技术—中等专业学校—教材 Ⅳ.①TM571.6

中国版本图书馆 CIP 数据核字(2015)第 267399 号

责任编辑:刘翰鹏
封面设计:张京京
责任校对:袁 芳
责任印制:杨 艳

出版发行:清华大学出版社
   网 址: http://www.tup.com.cn,http://www.wqbook.com
   地 址: 北京清华大学学研大厦 A 座 **邮 编:**100084
   社 总 机: 010-62770175 **邮 购:**010-62786544
   投稿与读者服务: 010-62776969,c-service@tup.tsinghua.edu.cn
   质 量 反 馈: 010-62772015,zhiliang@tup.tsinghua.edu.cn
   课 件 下 载: http://www.tup.com.cn,010-62795764
印 装 者:清华大学印刷厂
经 销:全国新华书店
开 本:185mm×260mm **印 张:**14 **字 数:**317 千字
版 次:2016 年 2 月第 1 版 **印 次:**2016 年 2 月第 1 次印刷
印 数:1~1800
定 价:29.00 元

产品编号:067612-01

FOREWORD 前言

本书依据教育部 2014 年颁布《中等职业学校电气技术应用专业教学标准》中"PLC 技术应用"课程的主要教学内容和要求,并参照相关的国家职业技能标准编写而成。通过本书的学习,可以使学生掌握必备的 PLC 基础知识、基本指令、步进指令、功能指令等知识与技能。本书在编写过程中吸收企业技术人员参与,紧密结合工作岗位,与职业岗位对接;选取的案例贴近生活、贴近生产实际;将创新理念贯彻到内容选取、教材案例等方面。

本书通过设计不同的项目,让学生多角度、多方位地认识 PLC。全书共有 5 个项目即 28 个任务。项目 1 PLC 基础知识与编程软件介绍包含 4 个任务,介绍 PLC 的基础知识和三菱 FX 系列 PLC 编程软件的使用;项目 2 基本指令的应用包含 8 个任务,介绍 PLC 在电动机正反转和顺序启停、交通灯的控制中基本指令的常见应用;项目 3 步进指令的应用包含 8 个任务,介绍 PLC 在运料小车三地往返、隧道通风系统、液体混合中步进指令的常见应用;项目 4 功能指令的应用包含 6 个任务,介绍 PLC 在工件分拣、彩灯循环、马路照明中功能指令的常见应用;项目 5 综合实训包含 2 个任务,介绍了如何利用 PLC 来设计自动售货机以及机电一体化设备组装与调试。本书的最后还有 3 个附录,简单介绍了 PLC 的其他指令。

本书配套有丰富的教学资源,主要有电子教案、多媒体课件、习题库等,可免费获取。

本书在编写时努力贯彻教学改革的有关精神,严格依据教学标准的相关要求,努力体现以下特色。

1. 以能力为本位,重视实践能力的培养,突出职业技术教育特色

(1) 以人才市场调查和职业能力分析为基础,贯彻以就业为导向、以能力为本位、以素质为基础、以企业需求和学生发展为目标的思想,坚持科学合理、务实够用的原则,密切结合企业岗位设置和企业岗位技能的需求,确定学生应具备的能力结构与知识结构,在保证必要专业基础知识的同时,加强实践性教学内容,强调学生实际工作能力的培养,为行业发展和区域经济建设培养德才兼备的中等应用型技能人才。

（2）教材编写内容紧扣教学标准要求，定位科学、合理、准确，力求降低理论知识点的难度；正确处理好知识、能力和素质三者之间的关系，保证学生全面发展，适应培养高素质劳动者需要；既突出学生职业技能的培养，又保证学生掌握必备的基本理论知识，使学生达到既有操作技能，又懂得基本指令知识，实现"练"有所思，"学"有所悟；贯彻课程建设综合化思想，合理协调理论知识与专业技能之间的关系，尽量将不同的知识有机地连贯起来，培养一专多能、复合型人才，体现学生的"柔性"发展需要，更好地适应学生在就业过程中的转岗需要以及二次就业需要，适应终身学习需要。

（3）教材内容立足体现为电类各专业培养目标服务，注重"通用性教学内容"与"特殊性教学内容"的协调配置，不断充实新知识、新技术、新设备和新材料等方面的内容，做到通俗易懂、标准新、内容新、指导性强、趣味性强，突出实践性和指导性，拉近现场与课堂教学的距离，丰富学生的感性认识。

2. 以工作过程为导向，工作任务为载体，创新教材编写体例

（1）以专业教学标准为依据，确定培养目标的知识点和技能点；以项目式为教材结构，以工作过程为导向，以工作任务为载体，将围绕工作任务的基本知识、专业知识和实践知识构成基本项目、任务单元；通过完成基本项目、任务来完成教学目标。

（2）教材编写时，每个工作项目提出项目描述，确定对应的知识、技能、职业素养目标，提出工作任务，教学过程由工作任务目标分析、相关知识学习、任务实施或实践操作、巩固训练、任务测评、知识拓展、项目小结、达标检测等环节组成。提出工作任务，就是模拟再现生产过程的真实要求，交代具体任务；工作任务目标分析，就是围绕工作任务的内容、特点提出具体的要求，根据任务实施的步骤展开必要的分析、讨论，引导和培养学生养成分析问题、解决问题的工作习惯；相关知识学习，就是针对本任务初次涉及的专业知识、检测与实验方法等内容，采用图文并茂的形式进行详细介绍，引导学生学习与应用；任务实施或实践操作，就是对具体任务实施或实践操作，引导和培养学生相互学习、相互合作的职业合作精神，培养学生热爱专业，努力学习进取，激发学生的学习热情和兴趣，使学生主动动手、动心、动脑学习；巩固训练，就是让学生学会知识的迁移和运用，把"工作实践"与"专业学习"有机结合起来，达到做中学、学中做的目的；任务测评，就是列出详细、具体的测评内容和测评标准，及时对学生的实践活动进行有效评估或学生自我评价，便于学生自己去发现和探究任务实施过程中存在的问题，培养学生学习兴趣；知识拓展，就是拓宽学生学习的知识面，加深知识学习的广度和深度，培养创新能力和自学能力；项目小结，就是归纳总结项目的知识点，让学生建构自己的知识体系，加深学生对相关知识的理解和应用。达标检测，就是在每个项目后边设置了理论和实践测试的题目，方便学生知识学习和技能训练。

3. 关注学生个性发展需要，注重学生职业素养、职业能力的培养

（1）体现以人为本，面向学生个性发展需要，在项目实施中创造相互交流、相互探讨的学习氛围，激发学生的学习兴趣，培养学生的分析能力和自学能力。在课堂教学中积极渗透职业素养培养教育，贯彻企业 8S 管理理念，培养学生养成良好习惯，遵守规章制度，增强学生自身的职业竞争能力，加强对学生职业素养的认知教育，根据企业的用人标准，逐步构建实践教学、课堂教学、企业教学"三位一体"的教学体系。

（2）通过技能训练这种方式，强化学生职业能力的养成，达到"学生的就业观与自己的能力水平的对接、用人单位的用人观与岗位的需要的对接；学生的择业观与用人单位的人才观的对接、学生的学业观与就业岗位实际需求的对接"的目标，在训练中，让学生成为准职业人。

（3）以学生为中心组织教学，创设学与教，学生与教师互动的交往职业教学情境，使学生形成会学的能力；强调学习的内在动机、利益动机、社会动机，并学会展示学习成果。形成良好的职业道德素养，塑造诚信、积极、创新、和谐的个性。

本书建议学时为 96 学时，具体学时分配见下表。

项　目	建议学时
项目 1	10
项目 2	16
项目 3	32
项目 4	24
项目 5	14
总　　计	96

本书由尚川川、庞新民担任主编，周瑞苏、王沛沛、王素梅、姜云青担任副主编，参加编写工作的还有孙英祥、张立永、仲伟梅、曹艳艳等。

本书在编写过程中参考了大量的文献资料，在此向文献资料的作者致以诚挚的谢意。由于编者水平有限，书中难免有错误和不妥之处，恳请广大读者批评、指正。了解更多教材信息请关注微信号 Coibook。

编　者

2015 年 11 月

CONTENTS

目 录

项目 1

PLC基础知识与编程软件介绍

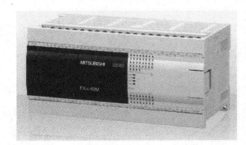
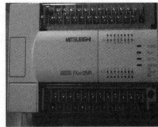
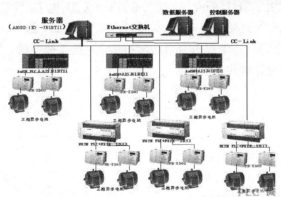

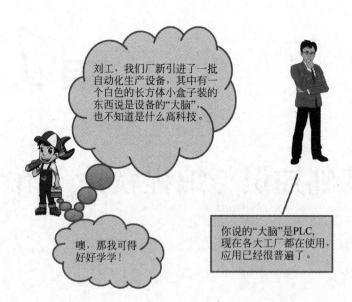

 **项目描述**

    PLC 即可编程逻辑控制器(Programmable Logic Controller,PLC),它采用一类可编程的存储器,用于其内部存储程序、执行逻辑运算、顺序控制、定时、计数与算术操作等面向用户的指令,并通过数字或模拟输入/输出控制各种类型的机械或生产过程。可编程控制器在国内外广泛应用于钢铁、石化、机械制造、汽车装配、电力、轻纺、电子信息产业等领域。目前,市场上 PLC 的品牌有很多种,本教材以三菱 FX2N 的 PLC 为例来讲述。PLC 有哪些分类、应用场合、特点、编程语言,以及它的结构是什么样的,编程软件是怎么使用的呢? 在本项目中将做详细讲述。

 **知识目标**

- 能够说出 PLC 的特点、应用场合。
- 能够区分 PLC 的不同分类。
- 能够说出 PLC 的硬件组成。
- 能够理解 PLC 的工作原理。
- 能够区分 PLC 的编程语言和编程时的注意问题。
- 能够使用 FX2N 系列 PLC 内部软元件资源。

技能目标

- 能够使用 FX2N 系列 PLC 内部软元件资源。
- 能够熟练操作 MELSEC-F/FX 编程软件。

职业素养

- 养成安全规范地使用PLC进行程序设计的习惯。
- 培养学生严谨细致、一丝不苟、实事求是的科学态度和探索精神。
- 增强学生的安全操作意识,形成严谨认真的职业、工作态度。

任务 1 PLC 的认识

相关知识与技能点

- 了解 PLC 的定义、特点、应用场合。
- 掌握 PLC 的相关分类。
- 能区分可编程控制器与继电器及微型计算机控制系统的不同。

工作任务

分别用继电-接触器控制元件和 PLC 设计一个小车往返运动的控制电路。通过对控制原理的分析,认识什么是 PLC。图 1.1.1 是小车往返运行控制仿真图。

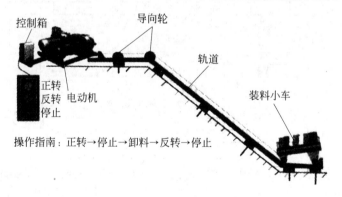

图 1.1.1 小车往返运行控制仿真图

在图 1.1.1 中,电动机正转时小车上行,电动机反转时小车下行。控制过程:按下正转按钮,装料小车上行,上行到位后按下停止按钮,小车停止并卸料;卸料完成后按下反转按钮,装料小车下行,下行到位后按下停止按钮,小车停止并装料。

图 1.1.2 是继电-接触器控制小车往返运行的控制原理图,图 1.1.3 是 PLC 控制小车往返运行的原理图。两种控制原理均能实现小车往返运行控制。

两种控制原理图中的主电路是一样的,均由 1 个断路器、2 个接触器和 1 个热继电器组成,但它们的控制电路却不相同,继电-接触器控制电路是通过按钮、接触器的触点和它们之间的连线来实现控制功能的,控制功能包含在固定线路之中,功能单一,接线较复杂。

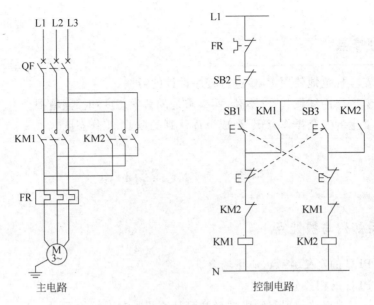

图 1.1.2　继电-接触器控制小车往返运行的控制原理图

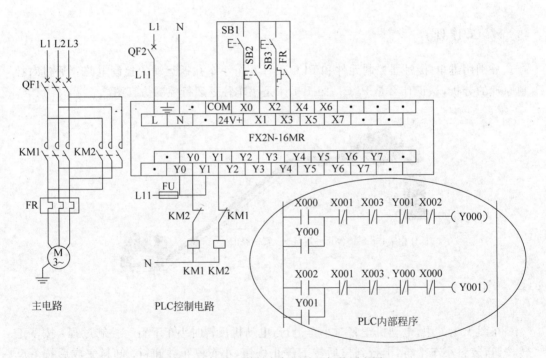

图 1.1.3　PLC 控制小车往返运行的原理图

而 PLC 控制电路所有按钮和触点输入以及接触器线圈均接到了 PLC 上,从接线方面来看要简单得多,其控制功能由 PLC 内部的程序决定,通过更换程序可以更改相应的控制功能,从这一点上看要比继电-接触器控制电路方便得多。例如,要求电动机停止 30s 后自动反向运行,对于继电-接触器构成的控制电路则需要添加时间继电器,重新设计原理图并接线;而 PLC 控制电路可以不改变接线,只需要修改 PLC 内部程序即可实现新的控制功能。

　　总之,从这两种控制原理图中可以看到,用 PLC 控制系统可以完全取代继电-接触器控制电路,并且 PLC 可以通过修改内部程序来实现新的逻辑控制关系。那么,PLC 的定义是什么? PLC 还具有哪些功能? PLC 能完成什么控制? 下面将做详细讲述。

一、了解世界上第一台 PLC 的产生及定义

1. 可编程控制器的产生

　　20 世纪 60 年代,继电器控制在工业控制领域占主导地位,继电器控制系统按照一定的逻辑关系对开关量进行顺序控制。这种采用固定接线的控制系统体积大、耗电多以及可靠性不高、通用性和灵活性较差,因此迫切地需要新型控制装置出现。与此同时,计算机技术开始应用于工业领域,由于价格高、输入输出电路不匹配、编程难度大以及难以适应恶劣工业环境等原因,未能在工业控制领域获得推广。

　　1968 年,美国最大的汽车制造商通用汽车公司(GM)为了适应工艺不断更新的需要,要求寻找一种比继电器更可靠、功能更齐全、响应速度更快的新型工业控制器,并从用户角度提出了新一代控制系统应具备的十大条件,立即引起了开发热潮。这十大条件的主要内容如下。

　　(1) 编程方便,可现场修改程序。

　　(2) 维修方便,采用插件式结构。

　　(3) 可靠性高于继电器控制柜装置。

　　(4) 体积小于继电器控制柜。

　　(5) 数据可直接送入管理计算机。

　　(6) 成本可与继电器控制柜竞争。

　　(7) 输入可为交流电。

　　(8) 输出可为交流电,要求在 2A 以上,可直接驱动电磁阀等。

　　(9) 扩展时原系统改变最少。

　　(10) 用户存储器大于 4KB。

　　这些条件的提出,实际上是将继电器控制的简单易懂、使用方便、价格低的优点,与计算机的功能完善、灵活性及通用性好的优点结合起来,将继电-接触器控制的硬接线逻辑转变为计算机的软件逻辑编程的设想。1969 年,美国数字设备公司(DEC 公司)研制出了第一台可编程控制器 PDP-14,在美国通用汽车公司的生产线上试用成功,并取得了满意的效果,可编程控制器自此诞生。

　　可编程控制器自问世以来,以其编程方便、可靠性强、通用灵活、体积小、使用寿命长等一系列优点很快在世界各国的工业领域推广应用。1971 年,日本从美国引进了这项新技术,研制出日本第一台可编程控制器 DSC-18。1973 年,欧洲也开始生产可编程控制器。到现在,世界各国著名的电气工厂几乎都在生产可编程控制器装置,可编程控制器已作为一个独立的工业设备被列入生产中，成为当代工业自动化领域中最重要、应用最广泛的控制装置。

早期的可编程控制器是为了取代继电器控制系统而研制的，其功能简单，主要实现开关量的逻辑运算、定时、计数等顺序控制功能，一般称为可编程逻辑控制器（Programmable Logic Controller，PLC）。这种 PLC 主要由中小规模集成电路组成，其硬件上特别注重适用于工业现场环境的应用，但编程需要由受过训练的人员来完成。早期的 PLC 种类单一，没有形成系列产品。

20 世纪 70 年代中后期，随着微处理器和微型计算机的出现，人们将微型计算机技术应用到可编程控制器，这种 PLC 提高了工作速度，功能得到不断完善，在进行开关量逻辑控制的基础上还增加了数据传送、比较和对模拟量进行控制等功能，产品初步形成系列。

20 世纪 80 年代以来，随着大规模和超大规模集成电路技术的迅速发展，以 16 位和 32 位微处理器为核心的可编程控制器也得到迅速发展，其功能增强、速度加快、体积减小、可靠性提高、编程和故障检测更为灵活方便。现代的 PLC 不仅能实现开关量的顺序逻辑控制，还具有了高速计数、中断技术、PID 调节、模拟量控制、数据处理、数据通信以及远程 I/O 分配、网络通信和图像显示等功能。

全世界有上百家 PLC 制造厂商，其中著名的制造厂商有美国 Pockwell 自动化公司所属的 A-B(Allen & Bradly)公司、GE-Fanuc 公司，德国的西门子(SIEMENS)公司和法国的施耐德(SCHNEIDER)自动化公司，日本的欧姆龙(OMRON)和三菱公司等。我国也有不少厂家研制和生产过 PLC，但是还没有出现有影响力和较大市场占有率的产品。

2. 可编程控制器的定义

可编程控制器的定义随着技术的发展经过多次变动。国际电工委员会(IEC)在 1987 年 2 月颁布了 PLC 的标准草案(第三稿)，草案对 PLC 作了如下定义："可编程序控制器是一个数字运算操作的电子装置，专为在工业环境下应用而设计。这种采用可编程序的存储器，用来在其内部存储执行逻辑运算、顺序控制、定时、计数和算术运行等操作的指令，并通过数字或模拟的输入和输出，控制各种类型的机械或生产过程。可编程序控制器及其有关的外围设备都应按工业控制系统连成一个整体，易于扩充其功能的原则设计。"

定义强调了可编程控制器是"数字运算操作的电子系统"，它也是一种计算机。它能完成逻辑运算、顺序控制、定时、计数和算术操作，还具有数字量或模拟量输入/输出控制的能力。

定义还强调了可编程控制器直接应用于工业环境，需具有很强的抗干扰能力、广泛的控制能力和应用范围。这也是区别于一般微型计算机控制系统的一个重要特征。

可编程控制器的早期产品名称为"Programmable Logic Controller"（可编程逻辑控制器），简称 PLC，主要替代传统的继电-接触器控制系统。随着微处理器技术的发展，可编程控制器不仅可以进行逻辑控制，还可以对模拟量进行控制。因此，美国电气制造商协会(NEMA)赋予它一个新的名称"Programmable Controller"，简称 PC。为了避免与个人计算机(Personal Computer，PC)混淆，人们仍沿用早期的 PLC 表示可编程控制器，但现在的 PLC 并不意味只具有逻辑处理功能。

二、认识 PLC 的特点及分类

1. 认识 PLC 的特点

现代工业生产是复杂多样的,对控制的要求也各不相同。可编程控制器由于具有以下特点而深受工程技术人员的欢迎。

(1) 可靠性高、抗干扰能力强

现代 PLC 采用了集成度很高的微电子器件,大量的开关动作由无触点的半导体电路来完成,其可靠程度是使用机械触点的继电器所无法比拟的。为保证 PLC 能够在工业环境下可靠工作,其设计和制造过程中采取了一系列硬件和软件方面的抗干扰措施,使其可以直接安装于工业现场而稳定可靠地工作。

在硬件方面,PLC 采用可靠性高的工业级元件和先进的电子加工工艺制造,对干扰采用屏蔽、隔离和滤波,有效地抵制了外部干扰源对 PLC 内部电路的影响。有的可编程控制器生产商还采用了冗余设计、掉电保护、故障诊断、运行信息显示等,进一步提高了可靠性。

在软件方面,设置故障检测与诊断程序,每次扫描都对系统状态、用户程序、工作环境和故障进行检测与诊断,发现出错后,立即自动做出相应的处理,如报警、保护数据和封锁输出等。对用户程序及动态数据进行电池后备,以保障停电后有关状态及信息不会因此丢失。

(2) 编程方便、操作性强

PLC 有多种程序设计语言可以使用,其中,梯形图语言与继电器控制电路极为相似,直观易懂,深受现场电气技术人员的欢迎,指令表程序与梯形图程序有一一对应的关系,同样有利于技术人员的编程操作;功能图语言是一种面向对象的顺序流程图语言(Sequential Function Chart,SFC),它以过程流程进展为主线,使编程更加简单方便。对于用户来说,即使没有专门的计算机知识,也可以在短时间内掌握 PLC 的编程语言,当生产工艺发生变化时,能十分方便地修改程序。

(3) 功能完善、应用灵活

目前可编程控制器产品已经标准化、系列化和模块化,功能更加完善,不仅具有逻辑运算、计时、计数和顺序控制等功能,还具有 D/A、A/D 转换,算术运算及数据处理、通信联网和生产监控等功能。模块式的硬件结构使组合和扩展方便,用户根据需要可以灵活选用相应的模块,满足系统大小不同及功能繁简各异的控制系统要求。

(4) 使用简单、调试维修方便

PLC 的接线极其方便,只需将产生输入信号的设备(如按钮、开关等)与 PLC 的输入端子连接,将接受输出信号的被控制设备(如接触器、电磁阀)与 PLC 的输出端子连接。

PLC 的用户程序可以在实验室模拟调试,输入信号用开关来模拟,输出信号用 PLC 的发光二极管显示。调试通过后再将 PLC 在现场安装调试。调试工作量比继电器控制系统小得多。

PLC 有完善的自诊断和运行故障指示装置,一旦发生故障,工作人员通过它可以查出故障原因,迅速排除故障。

2. 区别 PLC 的种类

（1）按应用规模和功能分类

按输入/输出点数和存储容量分类，PLC 大致可以分为小型、中型、大型三种。小型 PLC 的输入/输出点数在 256 点以下，用户程序存储容量在 4KB 左右。中型 PLC 的 I/O 总点数为 256～1024 点，用户程序存储容量在 8KB 左右。大型 PLC 的 I/O 总点数在 1024 点以上，用户程序存储容量在 16KB 以上。PLC 还可以按功能分为低档机、中档机和高档机。低档机以逻辑运算为主，具有计时、计数、移位等功能。中档机一般有整数和浮点运算、数制转换、PID 调节、中断控制及联网功能，可用于复杂的逻辑运算及闭环控制场合。高档机具有更强的数字处理能力，可进行矩阵运算、函数运算，完成数据管理工作，具有很强的通信能力，可以和其他计算机构成分布式生产过程综合控制管理系统。一般大型、超大型都是高档机。

（2）按硬件的结构类型分类

PLC 按结构形式分类，可以分为整体式、模块式和叠装式三种。

① 整体式又称为单元式或箱体式。整体式 PLC 的 CPU 模块、I/O 模块和电源装在一个箱体机壳内，结构非常紧凑，体积小、价格低。小型 PLC 一般采用整体式结构。整体式 PLC 一般配有许多专用的特殊功能单元，如模拟量 I/O 单元、位置控制单元、数据输入/输出单元等，使 PLC 的功能得到扩展。图 1.1.4 所示为整体式 PLC。

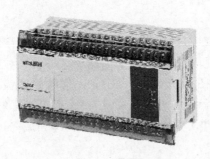

图 1.1.4　整体式 PLC

② 模块式又称为积木式。PLC 的各部分以单独模块形式分开，如电源模块、CPU 模块、输入模块、输出模块等。这些模块安装在插座上，模块插座焊接在框架中的总线连接板上。这种结构配置灵活、装配方便、便于扩展。一般大、中型 PLC 采用模块式结构。图 1.1.5 所示为模块式 PLC。

③ 叠装式结构是整体式和模块式相结合的产物。电源也可以做成独立的，不使用模块式可编程控制器中的模板，采用电缆连接各个单元，在控制设备中安装时可以一层层地叠装，如图 1.1.6 所示。

整体式 PLC 特点：体积小，每个 I/O 点相对便宜，一般小型 PLC 采用这种结构，如 ST-200。模块式 PLC 特点：硬件组合灵活方便，I/O 点的种类多、比例控制选择方便，维修、调试便捷，价位高，用于要求高、复杂的控制系统中。一般大、中型 PLC 采用模块式结构，有的小型 PLC 也采用这种结构，如 S7-300、S7-400。

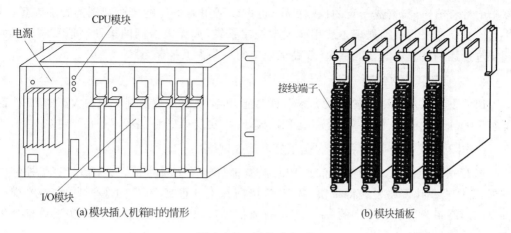

(a) 模块插入机箱时的情形　　　　　　　　(b) 模块插板

图 1.1.5　模块式 PLC

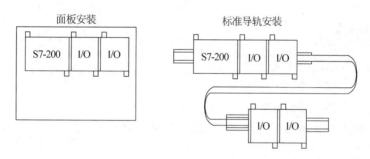

图 1.1.6　叠装式 PLC

三、认识 PLC 的应用场合

PLC 广泛应用于钢铁、采矿、石化、电力、机械制造、汽车制造、环保及娱乐等领域。其应用大致可分为以下几种类型。

1. 用于逻辑开关和顺序控制

用于逻辑开关和顺序控制是 PLC 最基本、最广泛的应用领域,它取代传统的继电-接触器电路,实现逻辑控制、顺序控制,既可用于单台设备的控制,也可用于多机群控制及自动化流水线。可用于 PLC 取代传统继电-接触器控制,如机床电气、电动机控制等;也可取代顺序控制,如高炉上料、电梯控制等。

2. 机械位移控制

机械位移控制是指 PLC 使用专用的位移控制模块来驱动步进电动机、伺服电动机,实现对机械构件的运动控制。主要 PLC 厂家的产品几乎都有运动控制功能,广泛用于机械手、数控机床、机器人等场合。

3. 数据处理

现代 PLC 具有数学运算(含矩阵运算、函数运算、逻辑运算)、数据传送、数据转换、排序、查表、位操作等功能,可以完成数据的采集、分析及处理。这些数据可以与存储在存储器中的参考值比较,完成一定的控制操作,也可以利用通信功能传送到别的智能装置,或将它们打印成表。数据处理一般用于大型控制系统,如无人控制的柔性制造系统;也可用于过程控制系统,如造纸、冶金、食品工业中的一些大型控制系统。

4. 用于模拟量的控制

PLC 具有 D/A、A/D 转换及算术运算功能,可实现模拟量控制。现在大型的 PLC 都配有 PID(比例、积分、微分)子程序或 PID 模块,可实现单电路、多电路的调节控制。

5. 用于组成多级控制系统,实现工厂自动化网络

PLC 通信包括 PLC 间的通信及 PLC 与其他智能设备间的通信。随着计算机控制的发展,工厂自动化网络发展得很快,各 PLC 厂商都十分重视 PLC 的通信功能,纷纷推出各自的网络系统。新近生产的 PLC 都具有通信接口,通信非常方便,可以实现对整个生产过程的信息控制和管理。

 巩固训练

(1) 可编程控制器的定义是什么?
(2) PLC 是如何分类的?
(3) PLC 有哪些主要特点?
(4) 可编程序控制器和继电器控制线路的区别是什么?

 任务测评

评价内容	评分标准	分值	学生自评	教师评分
PLC 的产生	正确描述 PLC 的产生	10		
PLC 的定义	正确解释 PLC 的定义	20		
PLC 的特点	能够正确说出 PLC 的特点	20		
PLC 的应用场合	能够正确说出 PLC 的应用场合	20		
PLC 的分类	能够正确区分 PLC 的种类	30		
合 计				

 知识拓展

可编程控制器与继电器及微型计算机控制系统的区别

一、可编程控制器与继电器控制的区别

在可编程控制器的编程语言中,梯形图是最为广泛使用的语言。通过可编程控制器的指令系统将梯形图变成可编程控制器能接收的程序。由编程器将程序输入可编程控制

器的用户存储区中。

可编程控制器的梯形图与继电器控制线路图十分相似,主要原因是可编程控制器梯形图的发明大致上沿用了继电器控制的电路元件符号,仅个别地方有些不同。同时,信号的输入/输出形式及控制功能也是相同的,但可编程控制器的控制与继电器的控制还是有不同之处,主要表现在以下几个方面。

1. 控制逻辑

继电器控制逻辑采用硬接线逻辑,利用继电器机械触点的串联或并联及延时继电器的滞后动作等组合成控制逻辑,其接线多而复杂、体积大、功耗大,一旦系统构成后想再改变或增加功能都很困难。另外,继电器触点数目有限,每只有 4～8 对触点,因此灵活性和扩展性很差。而可编程控制器采用存储器逻辑,其控制逻辑以程序方式存储在内存中,要改变控制逻辑,只需改变程序,故称为"软接线",其接线少、体积小,而且,可编程控制器中每只软继电器的触点数在理论上无限制,因此灵活性和扩展性很好。可编程控制器由中大规模集成电路组成、功耗小。

2. 工作方式

当电源接通时,继电器控制线路中各继电器都处于受约束状态,即该吸合的都应吸合,不该吸合的都因受某种条件限制不能吸合。而可编程控制器的控制逻辑中,各继电器都处于周期性循环扫描接通之中,从宏观上看,每个继电器受制约接通的时间是短暂的。

3. 控制速度

继电器控制逻辑依靠触点的机械动作实现控制,工作频率低。触点的开闭动作一般在几十毫秒数量级。另外,机械触点还会出现抖动问题。而可编程控制器是由程序指令控制半导体电路来实现控制,速度极快,一般一条用户指令执行时间在微秒数量级。可编程控制器内部还有严格的同步,不会出现抖动问题。

4. 限时控制

继电器控制逻辑利用时间继电器的滞后动作进行限时控制。时间继电器一般分为空气阻尼式、电磁式、半导体式等,其定时精度不高,且有定时时间易受环境湿度和温度变化的影响,调整时间困难等问题。有些特殊的时间继电器结构复杂,不便维护。可编程控制器使用半导体集成电路作定时器,时基脉冲由晶体振荡器产生,精度相当高,且定时时间不受环境影响,定时范围一般从 0.001s 到若干分钟甚至更长。用户可根据需要在程序中设定定时值,然后由软件和硬件计数器来控制定时时间。

5. 计数限制

可编程控制器能实现计数功能,而继电器控制逻辑一般不具备计数功能。

6. 设计和施工

使用继电器控制逻辑完成一项控制工程,其设计、施工、调试必须依次进行,周期长,而且维修困难,工程越大,这一点就越突出。而用可编程控制器完成一项控制工程,在系统设计完成以后,现场施工和控制逻辑的设计(包括梯形图设计)可以同时进行,周期短,且调试和维修都很方便。

7. 可靠性和可维护性

继电器控制逻辑使用了大量的机械触点,连线也多。触点开闭时会受到电弧的损坏,并有机械磨损,寿命短,因此可靠性和可维护性差。而可编程控制器采用微电子技术,大量的开关动作由无触点的半导体电路来完成,它体积小、寿命长、可靠性高。可编程控制器还配有自检和监督功能,能检查出自身的故障,并随时显示给操作人员,还能动态地监视控制程序的执行情况,为现场调试和维护提供了方便。

8. 价格

继电器控制逻辑使用机械开关、继电器和接触器,价格比较低。而可编程控制器使用中大规模集成电路,价格比较高。

从以上几个方面的比较可知,可编程控制器在性能上比继电器优异,特别是可靠性高、设计施工周期短、调试修改方便,而且体积小、功耗低、使用维护方便,但价格高于继电器控制系统。从系统的性能价格比而言,可编程控制器具有很大的优势。

二、可编程控制器与微型计算机系统的区别

从应用范围来说,微型计算机是通用机,而可编程控制器是专用机。微型计算机是在以往计算机与大规模集成电路的基础上发展起来的,其最大特征是运算快、功能强、应用范围广。例如,近代科学计算、科学管理和工业控制等都离不开它。所以说,微型计算机是通用计算机。而可编程控制器是一种为适应工业控制环境而设计的专用计算机。选配对应的模块便可适用于各种工业控制系统,而用户只需改变用户程序即可满足工业控制系统的具体控制要求。如果采用微型计算机作为某一设备的控制器,就必须根据实际需要考虑抗干扰问题和硬件软件设计,以适应设备控制的专门需要。这样,势必把通用的微型计算机转化为具有特殊功能的控制器而成为一台专用机。

可编程控制器与微型计算机的主要差异及各自的特点主要表现为以下几个方面。

1. 应用范围

微型计算机除了控制领域外,还大量用于科学计算、数据处理、计算机通信等方面。而可编程控制器主要用于工业控制。

2. 使用环境

微型计算机对环境要求较高,一般要在干扰小,具有一定的温度和湿度要求的机房内使用。可编程控制器则使适用于工业现场环境。

3. 输入/输出

微型计算机系统的 I/O 设备与主机之间采用弱电联系,一般不需要电气隔离。而可编程控制器一般控制强电气设备,需要电气隔离,输入输出均用光电耦合,输出还采用继电器、可控硅或大功率晶体管进行功率放大。

4. 程序设计

微型计算机具有丰富的程序设计语言,如汇编语言、FORTRAN 语言、COBOL 语言、

PASCAL 语言、C 语言等,其语句多、语法关系复杂,要求使用者必须具有一定水平的计算机硬件知识和软件知识。而可编程控制器提供给用户的编程语句数量少、逻辑简单、易于学习和掌握。

5．系统功能

微型计算机系统一般配有较强的系统软件,例如操作系统,能进行设备管理、文件管理、存储器管理等。它还配有许多应用软件,以方便用户。而可编程控制器一般只有简单的监控程序,能完成故障检查,用户程序的输入和修改,用户程序的执行与监视。

6．运算速度和存储容量

微型计算机运算速度快,一般为微秒级,因有大量的系统软件和应用软件,故存储容量大。而可编程控制器因接口的响应速度慢而影响数据处理速度。一般可编程控制器接口响应速度为 2ms,巡回检测速度为 8ms/KB。可编程控制器的软件少,所编程序也简短,故内存容量小。

7．价格

微型计算机是通用机,功能完善,故价格较高;而可编程控制器是专用机,功能较少,其价格是微型计算机的十分之一左右。

从以上几个方面的比较可知,可编程控制器是一种用于工业自动化控制的专用微型计算机系统,结构简单,抗干扰能力强,价格也比一般的微型计算机系统低。

任务 2　PLC 的硬件介绍

相关知识与技能点

- 掌握 PLC 的基本结构。
- 理解 PLC 的工作原理及工作方式。
- 了解 PLC 的性能指标。

工作任务

PLC 是一种适用于工业控制的专用电子计算机,采用了典型的计算机结构,那么 PLC 的硬件组成有哪些? PLC 是如何工作的呢? 本任务介绍 PLC 的硬件组成和工作原理。

知识平台

一、认识 PLC 的基本结构

PLC 的硬件主要由中央处理器(CPU)、存储器、输入/输出接口、通信接口、扩展接口和电源等部分组成。其中,CPU 是 PLC 的核心,输入/输出接口是连接现场输入/输出设备与 CPU 之间的接口电路,通信接口用于与编程器、上位计算机等外设连接。如图 1.2.1 所示为 PLC 的硬件系统结构图。

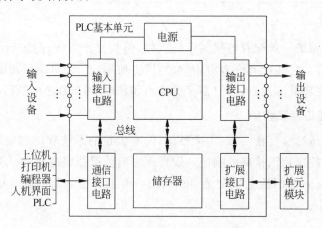

图 1.2.1　PLC 的硬件系统结构图

1. 中央处理器 CPU(Central Processing Unit)

CPU 是整个 PLC 的核心,与计算机一样,CPU 在整个 PLC 控制系统中的作用就像人的大脑一样,是一个控制指挥的中心。在 PLC 中,CPU 是按照固化在 ROM 中的系统程序所设计的功能来工作的,它能监测和诊断电源、内部电路工作状态和用户程序中的语法错误,并按照扫描方式执行用户程序。它的执行过程如下。

(1) 取样外部输入信号送入输入映像存储器中存储起来。

(2) 按存储的先后顺序取出用户指令,进行编译。

(3) 完成用户指令规定的各种操作。

(4) 将输出映像存储器中的结果送到输出端子。

(5) 响应各种外围设备(如编程器、打印机等)的请求。

目前,小型 PLC 为单 CPU 系统,而大、中型 PLC 则大多为双 CPU 系统,甚至有些 PLC 中有多达 8 个 CPU。对于双 CPU 系统,其中一个多为字处理器,一般采用 8 位或 16 位处理器;另一个多为位处理器,采用由各厂家设计制造的专用芯片。字处理器为主处理器,用于执行编程器接口功能,监视内部定时器,监视扫描时间,处理字节指令以及对系统总线和位处理器进行控制等。位处理器为从处理器,主要用于处理位操作指令和实现 PLC 编程语言向机器语言的转换。位处理器的采用,提高了 PLC 的速度,使 PLC 能更好地满足实时控制的要求。

2. 存储器(Memory)

PLC 的存储器分为系统存储器和用户存储器,提供 PLC 运行的平台。

系统存储器用来存放系统管理程序,完成系统诊断、命令解释、功能子程序调用管理、逻辑运算、通信及各种参数设定等功能。其内容由生产厂家固化到 ROM、PROM 或 EPROM 中,用户不能修改。

用户存储器用来存放用户编制的梯形图程序或用户数据,一般由 RAM、EPROM、EEPROM 构成。RAM 是随机存储器,它工作速度快、价格低、改写方便,为防止掉电时信息的丢失,常用高效的锂电池作后备电池。

由于系统程序及工作数据与用户无直接联系,所以在 PLC 产品样本或使用手册中所列存储器的形式及容量是指用户存储器。当 PLC 提供的用户存储器容量不够用时,PLC 增加扩充卡盒,用于存储器的扩展。

3. 输入/输出接口电路

输入/输出接口就是将 PLC 与现场各种输入/输出设备连接起来的部件。PLC 应用于工业现场,要求其输入能将现场的输入信号转换成微处理器能接收的信号,且最大限度地排除干扰信号,提高可靠性;输出能将微处理器送出的弱电信号放大成强电信号,以驱动各种负载,因此 PLC 采用了专门设计的输入/输出接口电路。

(1)输入接口电路 输入接口电路一般由光电耦合电路和计算机输入接口电路组成。

采用光电耦合电路实现了现场输入信号和 CPU 电路的电气隔离,增强了 PLC 内部与外部电路不同电压之间的电气安全,同时通过电阻分压及 RC 滤波电路,可滤掉输入信号的高频抖动和降低干扰噪声,提高 PLC 输入信号的抗干扰能力。

(2)输出接口电路 输出接口电路一般由 CPU 输出电路和功率放大电路组成。

CPU 输出接口电路同样采用了光电耦合电路,使 PLC 内部电路在电气上是完全与外部控制设备隔离的,有效地防止了现场的强电干扰,以保证 PLC 能在恶劣的环境下可靠地工作。

功率放大电路是为了适应工业控制的要求,将 CPU 输出的信号加以放大,用于驱动不同动作频率和功率要求的外部设备。PLC 的输出电路一般有三种输出类型,即继电器输出、晶体管输出和晶闸管输出。其中继电器输出型为有触点输出方式,可用于接通或断开开关频率较低的大功率直流负载或交流负载电路,负载电流约为 2A(AC 220V);晶体管输出型和晶闸管输出型为无触点输出方式,开关动作快、寿命长,可用于接通和断开开关频率较高的负载电路。其中晶闸管输出型常用于带交流电源的大功率负载,负载电流约为 1A(AC 220V);晶体管输出型则用于带直流电源的小功率负载,负载电流约为 0.5A(DC 30V)。

4. 电源

PLC 配有开关电源,供内部电路使用。与普通电源相比,PLC 电源的稳定性好、抗干扰能力强,对电网提供的电源稳定度要求不高,一般允许电源电压在其额定值±15%的范围内波动。许多 PLC 还向外提供直流 24V 稳压电源,用于对外部传感器供电。

5. 其他接口电路

通信接口电路:PLC 通过这些通信接口可与打印机、监视器、其他 PLC、计算机等设备实现通信。PLC 与打印机连接,可将过程信息、系统参数等输出打印;与监视器连接,可将控制过程的图像显示出来;与其他 PLC 连接,可组成多机系统或连成网络,实现更大规模控制;与计算机连接,可组成多级分布式控制系统,实现控制与管理相结合。远程 I/O 系统也必须配备相应的通信接口模块。

扩展接口电路：PLC基本单元模块与其他功能模块连接的接口,以扩展PLC的控制功能。常用的PLC的模块有I/O(输入/输出)模块、高速计数模块、闭环控制模块、运动控制模块、中断控制模块等。

二、PLC的工作方式

PLC采用"顺序扫描,不断循环"的方式进行工作。即在PLC运行时,CPU根据用户的控制要求编制好程序,存于用户存储器中,按指令步序号(或地址号)作周期性循环扫描,如无跳转指令,则从第一条指令开始逐条顺序执行用户程序,直至程序结束。然后重新返回第一条指令,开始下一轮新的扫描。在每次扫描过程中,还要完成对输入信号的取样和对输出状态的刷新等工作。用户程序的执行可分为自诊断、通信服务、输入处理、程序执行及输出处理五个阶段,如图1.2.2所示。

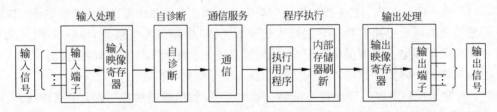

图1.2.2　PLC循环扫描示意图

1. 自诊断

每次扫描用户程序之前,都先执行故障自诊断程序。诊断内容包括I/O部分、存储器、CPU等,并且通过CPU设置定时器来监视每次扫描是否超过规定的时间,发现异常停机,显示出错。若自诊断正常,继续向下扫描。

2. 通信服务

PLC检查是否有与编程器、计算机等的通信要求,若有,则进行相应处理。

3. 输入处理(又称输入刷新)

PLC在输入刷新阶段,首先以扫描方式按顺序从输入锁存器中读入所有输入端子的状态或数据,并将其存入内存中为其专门开辟的暂存区——输入状态映像区中,这一过程称为输入取样或输入刷新。随后关闭输入端口,进入程序执行阶段。在程序执行阶段,即使输入端状态有变化,输入状态映像区中的内容也不会改变。变化了的输入信号的状态只能在下一个扫描周期的输入刷新阶段被读入。

4. 程序执行

PLC在程序执行阶段,按用户程序顺序扫描执行每条指令,从输入状态映像区中读取输入信号的状态,经过相应的运算处理后,将结果写入输出状态映像区。程序执行时CPU并不直接处理外部输入/输出接口中的信号。

5. 输出处理(又称输出刷新)

同输入状态映像区一样,PLC内存中也有一块专门的区域称为输出状态映像区。当程序所有指令执行完毕时,输出状态映像区中所有输出继电器的状态在 CPU 的控制下被一次集中送至输出锁存器中,并通过一定输出方式输出,推动外部相应执行元件工作,这就是 PLC 的输出刷新阶段。

可以看出,PLC 在一个扫描周期内,对输入状态的扫描只是在输入取样阶段进行,对输出赋的值也只有在输出刷新阶段才能被送出,而在程序执行阶段输入/输出被封锁。这种方式称为"集中取样、集中输出"。

(1) 说出 PLC 硬件的组成部分。
(2) 结合企业中的一个例子说出 PLC 的工作过程。

评价内容	评 分 标 准	分值	学生自评	教师评分
PLC 的硬件组成	能够正确说出 PLC 的硬件组成	50		
PLC 的工作原理	结合实例能够正确解释 PLC 的工作过程	50		
合　计				

PLC 的性能指标

1. I/O 总点数

I/O 总点数是 PLC 接入信号和可输出信号的数量。PLC 的输入输出有开关量和模拟量两种。其中开关量用最大 I/O 点数表示,模拟量用最大 I/O 通道数表示。

2. 存储器容量

存储器容量是衡量可存储用户应用程序多少的指标,通常以字或 KB 为单位。一般的逻辑操作指令每条占 1 个字,定时器、计数器、移位操作等指令占 2 个字,而数据操作指令占 2~4 个字。

3. 编程语言

编程语言是可编程控制器厂家为用户设计的用于实现各种控制功能的编程工具,它有多种形式,常见的是梯形图编程语言及语句表编程语言,另外还有逻辑图编程语言、布尔代数编程语言等。

4. 扫描时间

扫描时间是指执行 1000 条指令所需要的时间。一般为 10ms 左右,小型机可能大于 40ms。

5. 内部寄存器的种类和数量

内部寄存器的种类和数量是衡量 PLC 硬件功能的一个指标。它主要用于存放变量的状态、中间结果、数据等,还提供大量的辅助寄存器如定时器/计数器、移位寄存器、状态寄存器等,以便用户编程使用。

6. 通信能力

通信能力是指可编程控制器与可编程控制器、可编程控制器与计算机之间的数据传送及交换能力,它是工厂自动化的基础。目前生产的可编程控制器无论是小型机还是中大型机,都配有一至两个甚至更多个通信端口。

7. 智能模块

智能模块是指具有自己的 CPU 和系统的模块,它作为 PLC 中央处理单元的下位机;不参与 PLC 的循环处理过程,但接受 PLC 的指挥,可独立完成某些特殊的操作,如常见的位置控制模块、温度控制模块、PID 控制模块、模糊控制模块等。

任务 3　PLC 的软元件介绍

 相关知识与技能点

- 熟悉 PLC 的编程语言。
- 掌握应用基本指令编程时应注意的问题。
- 认识 PLC 内部各种软元件。
- 了解 FX 系列 PLC 的型号命名格式。

 工作任务

在 PLC 的内部有许多软元件,它们的功能就好比低压电器中的继电器、定时器、计数器等,那么这些软元件有哪些并且是如何工作的呢? 本任务就来介绍。

 知识平台

一、认识 PLC 的编程语言

PLC 是一种工业控制计算机,其功能的实现正常化基于硬件的作用,更要靠软件的支持。PLC 的软件包含系统软件和应用软件。

系统软件包含系统的管理程序、用户指令的解释程序以及一些供系统调用的专用标准程序块等。系统软件在用户使用可编程控制器之前就已装入,并永久保存,在各种控制工作中不需要更改。

应用软件又称为用户软件或用户程序,是由用户根据控制要求、采用 PLC 专用的程序语言编制的应用程序,以实现所需的控制目的。不同厂家、不同型号的 PLC 编程语言只能适应自己的产品。目前 PLC 常用的编程语言有梯形图、指令表、顺序功能图、功能块图、结构文本等。

1. 梯形图

梯形图是一种图形语言,是从继电器控制电路图演变过来的。它将继电器控制电路图进行了简化,同时加进了许多功能强大、使用灵活的指令,将微型计算机的特点结合进去,使编程更加容易,实现的功能超过传统继电器控制电路图,是目前最普通的一种可编程控制器编程语言。图 1.3.1 所示为继电器控制电路与 PLC 控制的梯形图比较,两种方式都能实现三相异步电动机的自锁正转控制。梯形图及符号的画法应遵循一定规则,各厂家的符号和规则虽然不尽相同,但是基本上是大同小异。

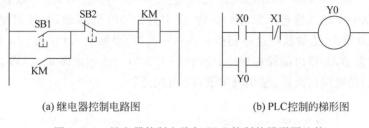

(a) 继电器控制电路图　　　　　　(b) PLC控制的梯形图

图 1.3.1　继电器控制电路与 PLC 控制的梯形图比较

2. 指令表

梯形图编程语言的优点是直观、简便,但要求用带屏幕显示的图形编程器才能输入图形符号。小型的编程器一般无法满足,而是采用经济便携的编程器将程序输入可编程控制器中,这种编程方法使用指令语句,类似于微型计算机中的汇编语言。

语句是指令表编程语言的基本单元,每个控制功能由一个或多个语句组成的程序来执行。每条语句是规定可编程控制器中 CPU 如何动作的指令,是由操作码和操作数组成的。

3. 其他

除了上述梯形图和指令表外,还有顺序功能图、功能块图、结构文本等。

随着可编程控制器的飞速发展,如果许多高级功能还是用梯形图来表示就会很不方便。为了增强可编程控制器的数学运算、数据处理、图表显示、报表打印等功能,方便用户的使用,许多大中型可编程控制器都配备了 PASCAL、BASIC、C 等高级编程语言。这种编程方式叫作结构文本。与梯形图相比,结构文本有两大优点:一是能实现复杂的数学运算;二是非常简洁和紧凑。用结构文本编制极其复杂的数学运算程序只占一页纸。结构文本用来编制逻辑运算程序也很容易。

可编程控制器的编程语言是可编程控制器应用软件的工具,它以可编程控制器输入口、输出口、机内元件之间的逻辑及数量关系表达系统的控制要求,并存储在机内的存储器中,即"存储逻辑"。

二、认识基本指令编程时应注意的问题

编程是 PLC 实现工业控制的关键,基本指令的编程是学习 PLC 程序设计的基础。下面主要介绍一些基本电路和基本功能指令以及由它们组成的简单应用系统。

(1) 尽量减少控制过程中的输入/输出信号。

因为输入/输出信号与 I/O 点数有关,所以从经济角度来看应尽量减少 I/O 点数。其他类型的继电器因是纯软件方式,不需要考虑数量问题,因此不需要用复杂的程序来解决使用次数。

(2) PLC 采用循环扫描工作方式,扫描梯形图的顺序是自左向右、自上而下,因此梯形图的编写也应按此顺序,避免输入/输出的滞后现象。

图 1.3.2 所示为存在输入/输出的滞后现象的两段程序对比,图 1.3.2(a)中 PLC 第一次进入循环扫描时,虽然外部触点 X0 已经闭合,但由于第一个扫描到的触点是 M0,所以 Y0 不会有输出;第二次进入循环扫描时,此时触点 M0 已接通,则输出继电器 Y0 接通。这种情况在继电-接触器控制电路中是不存在的,只要触点 X0 接通,Y0 立刻有输出。把这种现象称为输入/输出的滞后现象。应将图 1.3.2(a)改画成图 1.3.2(b)所示的梯形图,当第一个扫描周期结束后,输出继电器 Y0 就接通了。

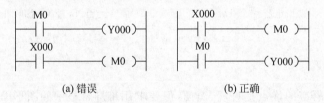

图 1.3.2 输入/输出的滞后现象

(3) 对于有复杂逻辑关系的程序段,应按照先复杂后简单的原则编程。这样可以节省程序的存储空间,减少扫描时间。

简化原则:对输入,应使"左重右轻""上重下轻";对输出,应使"上轻下重"。

变换依据:程序的功能保持不变。

图 1.3.3 所示为复杂逻辑程序段的编程,其逻辑关系完全相同,但由其指令表可知,采用图 1.3.3(b)程序要比采用图 1.3.3(a)程序好得多。

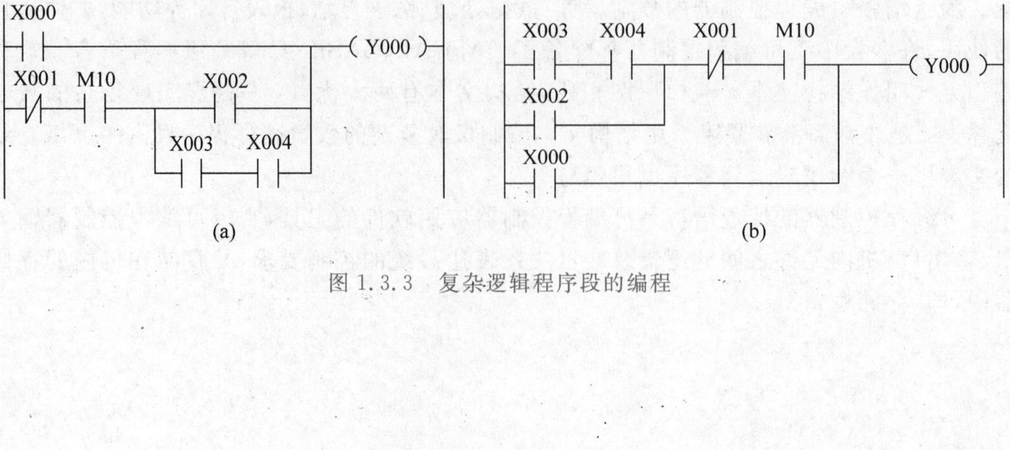

图 1.3.3 复杂逻辑程序段的编程

图 1.3.3(a)指令表如下：

```
0  LD   X000
1  LDI  X001
2  AND  M10
3  LD   X002
4  LD   X003
5  AND  X004
6  ORB
7  ANB
8  ORB
9  OUT  Y000
```

图 1.3.3(b)指令表如下：

```
0  LD   X003
1  AND  X004
2  OR   X002
3  ANI  X001
4  AND  M105
5  OUT  Y000
```

（4）应注意避免出现无法编程的梯形图。

简化原则：以各输出为目标，找出形成输出的每一条通路，逐一处理。

触点处于垂直分支上（不称桥式电路）以及触点处于母线之上的梯形图均不能编程，在设计程序时应避免出现。对于不可避免的情况，可将其逻辑关系做等效变换，如图 1.3.4 所示。

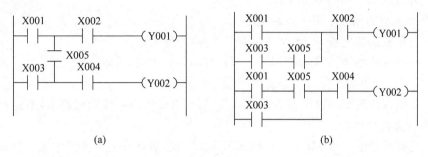

(a)　　　　　　　　　　　(b)

图 1.3.4　桥式电路的等效

三、FX2N 系列 PLC 内部软元件资源

FX2N 系列 PLC 内部软元件资源即 PLC 的内部寄存器（软元件），从工业控制的角度来看 PLC，可把其内部寄存器看成是不同功能的继电器（即软继电器），由这些软继电器执行指令，从而实现 PLC 的各种控制功能。故在使用 PLC 之前最重要的是先了解 PLC 的内部寄存器及其地址分配情况。

1. 输入继电器（X0～X267）

输入继电器的作用是将外部开关信号或传感器的信号输入 PLC，供 PLC 编制控制程序使用。输入继电器必须由信号驱动，不能用程序驱动，所以在程序中不可能出现其线圈。由于输入继电器（X）为输入映像寄存器中的状态，所以其触点的使用次数不限。

FX2N 系列 PLC 的输入继电器以八进制进行编号，FX2N 输入继电器的编号为 X0～X267（184 点），注意，它与输出继电器的和不能超过 256 点。基本单元输入继电器的编号是固定的，扩展单元和扩展模块按与基本单元连接的模块开始顺序进行编号。例如，基本单元 FX2N-64M 的输入继电器编号为 X0～X037（32 点），如果接有扩展单元或扩展模块，则扩展的输入继电器从 X040 开始编号。

2. 输出继电器（Y0～Y267）

输出继电器的作用是将 PLC 的执行结果向外输出，驱动外部设备（如接触器、电磁阀等）动作。输出继电器必须由 PLC 控制程序执行的结果来驱动。输入/输出继电器有无数个常开/常闭触点，在编程时可随意使用。

FX 系列 PLC 的输出继电器也是八进制编号，其中 FX2N 编号范围为 Y0～Y267（184 点）。与输入继电器一样，基本单元的输出继电器编号是固定的，扩展单元和扩展模块的编号也是按与基本单元连接的部分开始顺序进行编号。

在实际使用中，输入/输出继电器的数量要看具体系统的配置情况。

3. 辅助继电器 M

PLC 的内部辅助继电器可供用户存放中间变量使用，其作用与继电-接触器中的中间继电器相似，故又称中间继电器。该继电器不能获取外部输入，也不能驱动外部输出，只能在 PLC 内部使用。辅助继电器有无数个常开/常闭触点，在编程时可随意使用。另外，辅助继电器还具有一些特殊功能。

辅助继电器的地址采用十进制编号。

（1）通用辅助继电器 M0～M499，共 500 点，非保持型。

（2）断电保持型辅助继电器 M500～M1023，共 524 点，保持型，由锂电池支持。通过参数设定，可以变更为非保持型辅助继电器。

（3）断电保持型辅助继电器 M1024～M3071，共 2048 点，固定保持型，不能通过参数设定而改变保持特性。

（4）特殊辅助继电器 M8000～M8255，共 256 点，通常分为下面两大类：触点型和线圈型。

① 触点型特殊辅助继电器

触点型特殊辅助继电器的线圈由 PLC 直接驱动，用户只可以利用其触点。

a. M8000（M8001）——运行监视用特殊辅助继电器

PLC 运行时 M8000 得电（M8001 断电），PLC 停止时 M8000 断电（M8001 得电），运行监视用特殊辅助继电器时序图如图 1.3.5 所示。

b. M8002（M8003）——初始脉冲特殊辅助继电器

M8002（M8003）只在 PLC 运行的第一个扫描周期内得电（断电），其余时间均断电（得电）。时序图如图 1.3.6 所示。

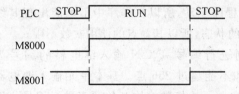

图 1.3.5　运行监视用特殊辅助继电器时序图

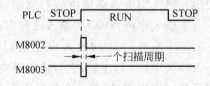

图 1.3.6　初始脉冲特殊辅助继电器时序图

c. M8011、M8012、M8013、M8014

M8011、M8012、M8013、M8014 是分别产生周期为 10ms、100ms、1s、1min 脉冲的特

殊辅助继电器(PLC RUN)。例如,M8011 产生的脉冲波形如图 1.3.7 所示。

d. M8004——出错特殊继电器

当 PLC 出现硬件出错、参数出错、语法出错、电路出错、操作出错、运算出错等时,M8004 得电。

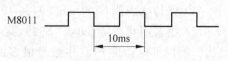

图 1.3.7 M8011 产生的脉冲波形

M8061——硬件出错特殊继电器→D8061(出错代码)

M8064——参数出错特殊继电器→D8064(出错代码)

M8065——语法出错特殊继电器→D8065(出错代码)

M8066——电路出错特殊继电器→D8066(出错代码)

M8067——操作出错特殊继电器→D8067(出错代码)

e. 标志位特殊辅助继电器

例如:

M8020——零标志

M8021——错位标志

M8022——进位标志

② 线圈驱动型特殊辅助继电器

线圈驱动型特殊辅助继电器的线圈由用户控制,其线圈得电后,PLC 做出定位动作。

a. 线圈型一

(a) M8028——10ms 定时器切换标志。

当 M8028 线圈被接通时,T32～T62 变为 10ms 定时器。

(b) M8034——禁止全部输出的特殊辅助继电器。

当 M8034 的线圈被接通时,PLC 的所有输出自动断开。

(c) M8039——恒定扫描周期的特殊辅助继电器。

当 M8039 线圈被接通时,PLC 具有恒定的扫描方式,恒定扫描周期值由 D8039 决定。

b. 线圈型二

(a) M8031——非保持型继电器、寄存器状态清除。

(b) M8032——保持型寄存器、继电器状态清除。

(c) M8033——RUN-STOP 状态时,输出保持 RUN 前的状态。

(d) M8035——强制运行(RUN)监视。

(e) M8036——强制运行(RUN)。

(f) M8037——强制停止(STOP)。

关于 PLC 的特殊辅助继电器还有很多,在附录 3 中做详细介绍。

4. 状态器 S

状态器 S 是构成状态转移图的重要软元件,它与后述的步进指令配合使用。不用步进指令时,与辅助继电器一样,可作为普通的触点/线圈进行编程。

状态器的地址采用十进制编号。

(1) 初始状态器 S0～S9,共 10 点。

(2) 回零状态器 S10～S19,共 10 点。

（3）通用状态器 S20～S499，共 480 点。

（4）保持状态器 S500～S899，共 400 点。

（5）报警用状态器 S900～S999，共 100 点。这 100 个状态器也可用作外部故障诊断输出。辅助继电器是 PLC 中数量最多的一种继电器，一般的辅助继电器与继电-接触器控制系统中的中间继电器相似。

在使用状态器时应注意：

（1）状态器与辅助继电器一样有无数个常开/常闭触点。

（2）状态器不与步进顺控指令 STL 配合使用时，可作为辅助继电器 M 使用。

（3）FX2N 系列 PLC 可通过程序设定将 S0～S499 设置为有断电保持功能的状态器。

 巩固训练

（1）PLC 的常用编程语言有哪几种？

（2）举例说明 PLC 内部的软元件有哪些？

（3）在画梯形图时应该注意哪些问题？

（4）查阅资料举例说明 PLC 还有哪些编程语言？

 任务测评

评价内容	评分标准	分值	学生自评	教师评分
PLC 的编程语言	能正确举例说明 PLC 常用的编程语言	20		
应用基本指令编程时应注意的问题	能够正确绘制梯形图，并且能够正确纠正梯形图中的错误	30		
PLC 内部的软元件	能够正确区分和选择不同的软元件进行梯形图的绘制	50		
合　计				

 知识拓展

FX 系列 PLC 的型号命名格式

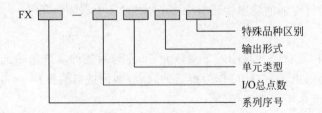

系列序号：2、2C、0、0N、2N。

I/O 总点数：14～256。

单元类型：

M——基本单元。

E——输入输出混合扩展单元及扩展模块。

EX——输入专用扩展模块（无输出）。

EY——输出专用扩展模块（无输入）。

EYR——继电器输出专用扩展模块。

EYT——晶体管输出专用扩展模块。

输出形式：

R——继电器输出。

T——晶体管输出。

S——晶闸管输出。

特殊品种区别：

D——DC 电源，DC 输入。

A——AC 电源，AC 输入。

H——大电流输出扩展模块。

V——立式端子排的扩展模块。

C——接插口输入输出方式。

F——输入滤波器为 1ms 的扩展模块。

L——TTL 输入型扩展模块。

S——独立端子（无公共端）扩展模块。

任务 4　PLC 编程软件的使用

 相关知识与技能点

- MELSEC-F/FX 编程软件的窗口介绍。
- 能进行 MELSEC-F/FX 文件程序的编辑。
- 了解通信口参数设置的方法。
- 能利用编程软件进行程序的运行、调试。
- 了解三菱系列其他编程软件的功能及用途。

 工作任务

要对三菱可编程序控制器进行程序的写入、修改、读出、监控等操作，可以采用三菱公司的 MELSEC-F/FX 编程软件。本任务就来介绍该软件的使用。

 知识平台

一、启动界面

MELSEC-F/FX 是三菱 FX 系列 PLC 的编程软件。安装完 MELSEC-F/FX 之后，在 Windows 下进入 MELSEC-F/FX 系统，选择 FXGP-WIN-C 文件双击，出现如图 1.4.1 所示的界面即可进入编程。

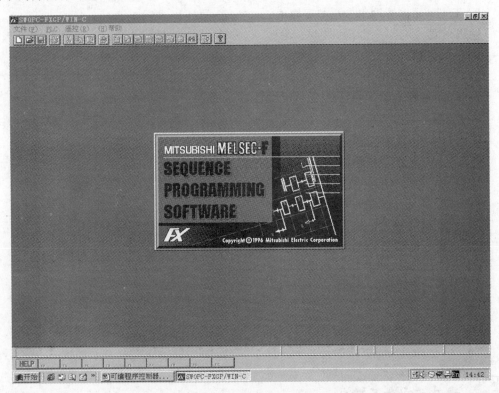

图 1.4.1　MELSEC-F/FX 启动界面

二、认识 FXGP-WIN-C 编程软件的界面

FXGP-WIN-C 编程软件的界面如图 1.4.2 所示。

界面包括如下。

A——当前编程文件名，例如标题栏中的文件名 untit101。

B——菜单：文件(F)、编辑(E)、工具(T)、PLC、遥控(R)、监控/测试(M)等。

C——快捷功能键：保存、打印、剪切、转换、元件名查、指令查、触点/线圈查、刷新等。

D——当前编程工作区：编辑用指令(梯形图)形式表示的程序。

E——当前编程方式：梯形图。

F——状态栏：梯形图。

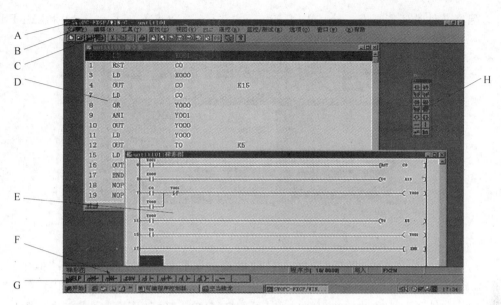

图 1.4.2 FXGP-WIN-C 编程软件的界面介绍图

G——快捷指令：F5 常开、F6 常闭、F7 输入元件、F8 输入指令等。

H——功能图：常开、常闭、输入元件、输入指令等。

菜单操作如下。

FXGP-WIN-C(以下简称 FXGP)的各种操作命令主要在菜单中选择，当文件处于编辑状态时，用鼠标单击想要选择的菜单项，如果该菜单项还有子菜单，鼠标下移，根据要求选择子菜单项，如果该菜单项没有下级子菜单，则该菜单项就是一个操作命令，单击即执行命令。

三、学习文件及文件程序的编辑

1. 文件编辑

如果是首次程序设计：打开 FXGP 编程软件，单击菜单"文件"中的子菜单"新文件"或单击常用工具栏中的 □ 按钮，弹出"PLC 类型设置"对话框，供选择机型。使用时，根据实际确定机型，若要选择 FX1 即选中 FX1，然后单击"确认"按钮，如图 1.4.3 所示，就可马上进入编辑程序状态。注意，这时编程软件会自动生成一个"SWOPC-FXGP/WIN-C-UNTIT＊＊＊"文件名，在这个文件名下可编辑程序。

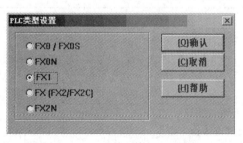

图 1.4.3 PLC 型号的选择

文件完成编辑后进行保存：单击菜单"文件"中的子菜单"另存为"，弹出"File Save As"对话框，在"文件名"中能见到自动生成的"SWOPC-FXGP/WIN-C-UNTIT＊＊＊"文件名，这是编辑文件用的通用名，在保存文件时可以使用，但建议一般不使用此类文件名，以避免出错。而在"文件名"框中输入一个带有(保存文件类型)特征的文件名。

保存文件类型特征有三个：WIN Files(＊.pmw)、DOS Files(＊.pmc)和 All Files (＊.＊)，如图 1.4.4 所示。

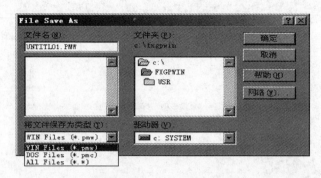

图 1.4.4　程序的保存

一般类型选第一种，例如，先删去自动生成的文件名，然后在"文件名"框中输入(ABC.pmw)、(555.pmw)、(新潮.pmw)等。有了文件名，单击"确定"按钮，弹出"另存为"对话框，在"文件题头名"框中输入一个自己认可的名字，单击"确定"按钮，完成文件保存。

注意：如果单击工具栏中的"保存"按钮只是在同名下保存文件。

如果打开已经存在的文件：在主菜单"文件"下选中"打开"，弹出"File Open"对话框，选择正确的驱动器、文件类型和文件名，单击"确定"按钮即可进入以前编辑的程序。

2. 文件程序编辑

当正确进入 FXGP 编程系统后，文件程序的编辑可用两种编辑状态形式：指令表编辑和梯形图编辑。

(1) 指令表编辑程序

在"指令表"编辑状态下，可以使用指令表形式编辑一般程序。

现在以输入下面一段程序为例，进行指令表编辑程序的步骤解释，见表 1.4.1。

Step	Instruction	I/O
0	LD	X000
1	OUT	Y000
2	END	

表 1.4.1　指令表编辑程序的步骤解释

操 作 步 骤	解　　释
(1) 单击菜单"文件"中的"新文件"或"打开"，选择 PLC 类型设置 FXON 或 FX2N 后确认，弹出"指令表"(注意：如果不是指令表，可从菜单"视图"内选择"指令表")	建立新文件，进入"指令编辑"状态，进入输入状态，光标处于指令区，步序号由系统自动填入
(2) 输入"LD"，[空格] (也可以输入"F5") 输入"X000"，[回车]	输入第一条指令 (快捷方式输入指令) 输入第一条指令元件号，光标自动进入第二条指令

续表

操 作 步 骤	解 释
（3）输入"OUT"，[空格] （也可以输入"F9"） 输入"Y000"，[回车]	输入第二条指令 （快捷方式输入指令） 输入第二条指令元件号，光标自动进入第三条指令
（4）输入"END"，[回车]	输入结束指令，无元件号，光标下移

注意：程序结束前必须输入结束指令（END）。

"指令表"程序编辑结束后，应该进行程序检查，FXGP 能提供自检，单击"选项"下拉子菜单，选中"程序检查"弹出"程序检查"对话框，根据提示，可以检查是否有语法错误，电路错误以及双线圈检验。检查无误可以进行下一步的操作"传送""运行"。

（2）"梯形图"编辑程序

梯形图编辑状态，可以使用梯形图形式编辑程序。

现在以输入如图 1.4.5 所示梯形图为例进行介绍，步骤解释见表 1.4.2。

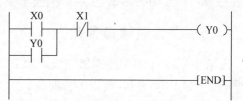

图 1.4.5 梯形图

表 1.4.2 梯形图编辑程序的步骤解释

操 作 步 骤	解 释
（1）单击菜单"文件"中的"新文件"或"打开"，选择 PLC 类型设置 FXON 或 FX2N 后确认，弹出"梯形图"（注意：如果不是梯形图，可从菜单"视图"内选择"梯形图"）	建立新文件，进入"梯形图编辑"状态，进入输入状态，光标处于元件输入位置
（2）首先将小光标移到左边母线最上端处	确定状态元件输入位置
（3）按"F5"或单击右边的功能图中的常开，弹出"输入元件"对话框	输入一个元件"常开"触点
（4）输入"X000"，[回车]	输入元件的符号"X000"
（5）按"F6"或单击功能图中的常闭，弹出"输入元件"对话框	输入一个元件"常闭"触点
（6）输入"X001"，[回车]	输入元件的符号"X001"
（7）按"F7"或单击功能图中的输出线圈	输入一个输出线圈
（8）输入"Y000"，[回车]	输入线圈符号"Y000"
（9）单击功能图中带有连接线的常开，弹出"输入元件"对话框	输入一个并联的"常开"触点
（10）输入"Y000"，[回车]	输入一个线圈的辅助常开的符号"Y000"
（11）按"F8"或单击功能图中的"功能"元件"—[ ]—"，弹出"输入元件"对话框	输入一个"功能元件"
（12）输入"END"，[回车]	输入结束符号

注意：程序结束前必须输入结束指令（END）。

"梯形图"程序编辑结束后，应该进行程序检查，FXGP 能提供自检，单击"选项"下拉子菜单，选中"程序检查"，弹出"程序检查"对话框，根据提示可以检查是否有语法错误，电路错误以及双线圈检验。进行下一步"转换""传送""运行"。

注意："梯形图"编辑程序必须经过"转换"成指令表格式才能被 PLC 识别、运行。但有时输入的梯形图无法将其转换为指令格式。

梯形图转换成指令表格式的操作用鼠标单击快捷功能键：转换，或者单击工具栏中的下拉菜单"转换"来完成。

梯形图和指令表编程比较：梯形图编程比较简单、明了，接近电路图，所以一般 PLC 程序都用梯形图来编辑，然后转换成指令表，下载运行。

四、设置通信口参数

在 FXGP 中将程序编辑完成后和 PLC 通信前应设置通信口的参数。如果只是编辑程序，不和 PLC 通信，可以不做此步。

设置通信口参数，分两个步骤。

1. PLC 串行口设置

如果 PLC 与电脑连接完成，单击菜单"PLC"的子菜单"串口设置（D8120）[e]"，弹出如图 1.4.6 所示的对话框。

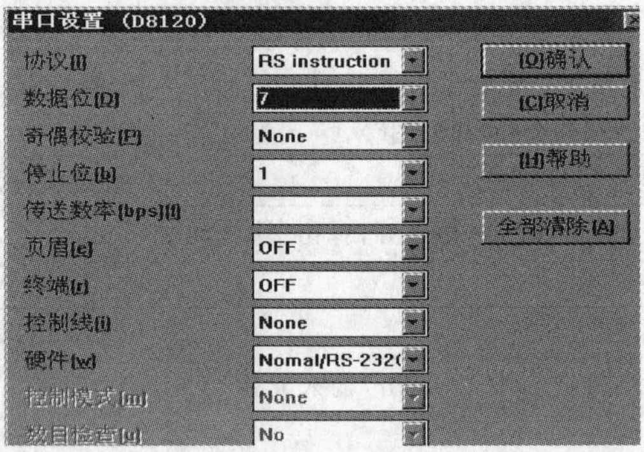

图 1.4.6   PLC 串行口设置

检查是否一致，如果不对，马上修正，单击"确认"按钮返回菜单做下一步。（注意：串行口设置一般已由厂方完成。）

2. PLC 的端口设置

单击菜单"PLC"的子菜单"端口设置[e]"，弹出如图 1.4.7 所示的对话框。

根据 PLC 与 PC 连接的端口号，选择 COM1～COM4 中的一个，完成后单击"确认"按钮返回菜单。

注意：PLC 的端口设置也可以在编程前进行。

图 1.4.7   PLC 端口设置

五、传送 FXGP 与 PLC 之间的程序

在 FXGP 中把程序编辑完成后,要把程序下传到 PLC 中去,程序只有在 PLC 中才能运行;也可以把 PLC 中的程序上传到 FXGP 中,在 FXGP 和 PLC 之间进行程序传送之前,应该先用电缆连接好 PC-FXGP 和 PLC。

1. 把 FXGP 中的程序下传到 PLC 中

若 FXGP 中的程序用指令表编辑即可直接传送,如果用梯形图编辑的则要求转换成指令表才能传送,因为三菱 PLC 只识别指令。

单击菜单"PLC"的二级子菜单"传送"→"写出",弹出对话框,有两个选择"所有范围""范围设置",选择所有范围即状态栏中显示的"程序步"(FX2N-8000、FX0N-2000)会全部写入 PLC,时间比较长。(此功能可以用来刷新 PLC 的内存)

选择范围设置,先确定"程序步"的"起始步"和"终止步"的步长,然后把确定的步长指令写入 PLC,时间相对比较短。

程序步的长短都在状态栏中明确显示。

在"状态栏"会出现"程序步"(或"已用步")写入(或插入)FX2N 等字符。选择完"确认",如果这时 PLC 处于"RUN"状态,通信不能进行,屏幕会出现"PLC 正在运行,无法写入"的文字提示,这时应该先将 PLC 的"RUN、STOP"开关拨到"STOP"或单击菜单"PLC"的"遥控运行/停止[0]"(遥控只能用于 FX2N 型 PLC),然后才能进行通信。进入 PLC 程序写入过程,这时屏幕会出现闪烁着的"写入 Please wait a moment"等提示符。

"写入结束"后自动"核对",核对正确才能运行。

注意:这时的"核对"只是核对程序是否写入了 PLC,电路的正确与否由 PLC 判定,与通信无关。

若"通信错误"提示符出现,可能存在两个问题,需要检查。

第一,在状态检查中查看"PLC 类型"是否正确,如运行机型是 FX2N,但设置的是FX0N,就要更改成 FX2N。

第二,PLC 的"端口设置"是否正确,即 COM 口选择。

排除了这两个问题后,重新"写入",直到"核对"完成表示程序已输送到 PLC 中。

2. 把 PLC 中的程序上传到 FXGP 中

若要把 PLC 中的程序读回 FXGP,应设置好通信端口,单击"PLC"子菜单"读入",弹出"PLC 类型设置"对话框,选择 PLC 类型,单击"确认"按钮,读入开始。结束后状态栏中显示程序步数。这时在 FXGP 中可以阅读 PLC 中的运行程序。

注意:FXGP 和 PLC 之间的程序传送时,有可能原有程序会被当前程序覆盖,假如不想覆盖原有程序,应该注意文件名的设置。

六、运行和调试程序

1. 程序运行

当程序写入 PLC 后就可以运行了。先将 PLC 置于 RUN 状态（可用手拨 PLC 的 "RUN/STOP"开关到"RUN"挡，FXON、FX2N 都适合，也可用遥控使 PLC 处于"RUN"状态，这只适合 FX2N 型），再通过实验系统的输入开关给 PLC 输入给定信号，观察 PLC 输出指示灯，验证是否符合编辑程序的电路逻辑关系，如果有问题还可以通过 FXGP 提供的调试工具来确定问题，解决问题。

例如，运行验证程序。

编辑、传送、运行如图 1.4.8 所示程序。

操作步骤如下。

（1）梯形图方式编辑，然后"转换"成指令表程序。

（2）程序"写入"PLC，在"写入"时 PLC 应处于"STOP"状态。

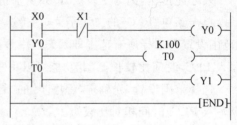

图 1.4.8　梯形图

（3）PLC 中的程序在运行前应使 PLC 处于"RUN"状态。

（4）输入给定信号，观察输出状态，可以验证程序的正确性。

操作步骤	观察
闭合 X000 断开 X001	Y000 应该动作
闭合 X000 闭合 X001	Y000 应该不动作
断开 X000	Y000 应该不动作
Y000 动作 10s 后 T0 定时器触点闭合	Y001 应该动作

验证 T0、Y001 电路正确。

2. 程序调试

当程序写入 PLC 后，按照设计要求可用 FXGP 来调试 PLC 程序。如果有问题，可以通过 FXGP 提供的调试工具来确定问题所在。下面举例说明。

（1）开始监控

在 PLC 运行时，通过梯形图程序显示各元件的动作情况，如图 1.4.9 所示。

当 X000 闭合、Y000 线圈动作、T0 计时到、Y001 线圈动作，此时可观察到动作的每个元件位置上出现翠绿色光标，表示元件改变了状态。利用"开始监控"可以实时观察程序运行。

（2）进入元件监控

在 PLC 运行时，监控指定元件单元的动作情况，如图 1.4.10 所示。

当指定元件进入监控（在"进入元件监控"对话框中输入元件号），就可以非常清楚元件改变状态的过程，例如 T0 定时器，当"当前值"增加到与设置值一致时，状态发生变化。这个过程在对话框中能清楚看到。

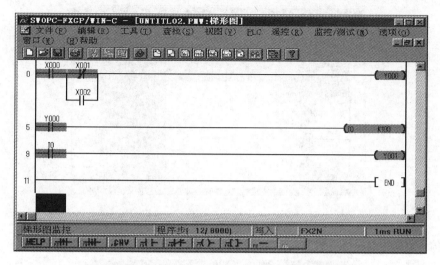

图 1.4.9 梯形图

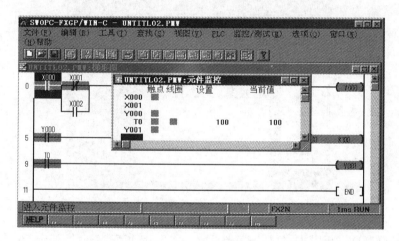

图 1.4.10 元件监控

（3）强制 Y 输出

强制 PLC 输出端口（Y）输出 ON/OFF，如图 1.4.11 所示。

如果在程序运行中需要强制某个输出端口（Y）输出 ON 或 OFF，可以在"强制 Y 输出"的对话框中输入要强制的"Y"元件号，选择"ON"或"OFF"状态"确认"后，元件保持"强制状态"一个扫描周期，同时图 1.4.11 界面也能清楚显示已经执行过的状态。

（4）强制 ON/OFF

强行设置或重新设置 PLC 的位元件："强制 ON/OFF"相当于执行了一次 SET/RST 指令或是一次数据传递指令。对那些在程序中其线圈已经被驱动的元素，如 Y0，强制"ON/OFF"状态只有一个扫描周期，从 PLC 的指示灯上并不能看到效果。

下面通过图 1.4.10 和图 1.4.12 说明"强制 ON/OFF"的功能。选 T0 元件作强制对象，在图 1.4.10 中，可看到在没有选择任何状态（设置/重新设置）条件下，只有当 T0 的

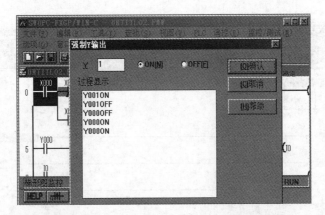

图 1.4.11　强制 PLC 输出端口(Y)输出 ON/OFF

"当前值"与"设置"的值一致时,T0 触点才能工作。

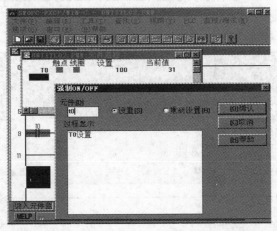

图 1.4.12　强制 ON/OFF

如果选择"ON/OFF"的设置状态,在图 1.4.12 中,当程序开始运行,T0 计时开始,这时只要确认"设置",计时立刻停止,触点工作(程序中的 T0 状态被强制改变)。

如果选择"ON/OFF"的重新设置状态,当程序开始运行时,T0 计时开始,这时只要确认"重新设置",当前值立刻被刷新,T0 恢复起始状态。T0 计时重新开始。

调试还可以调用 PLC 诊断,简单观察诊断结果。

调试结束,关闭"监控/测试",程序进入运行。

注意:"开始监控""进入元件监控"时可以进行实时监控元件的动作情况。

(5) 改变当前值

在程序调试中,改变当前值可用于瞬时观察,改变 PLC 字元件的当前值,如图 1.4.13 所示。

在图 1.4.13 中,当"当前值"被改动。例如,K100 改为 K58,在程序运行状态下,执行确认,则 T0 从常数 K58 开始计时,而不是从零开始计时,这在元件监控对话框中清楚地反映出来,同时在改变当前值的对话框的"过程显示"中也能观察到。

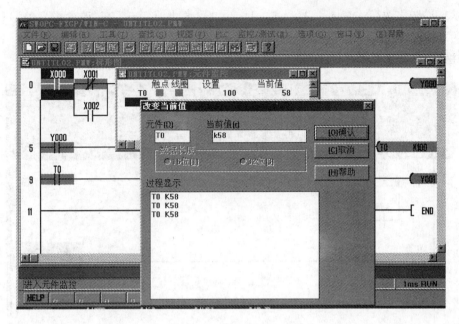

图 1.4.13 改变当前值

（6）改变设置值

在程序调试中，改变设置值是比较常用的方法，改变 PLC 中计数器或计时器的设置值，如图 1.4.14 和图 1.4.15 所示。

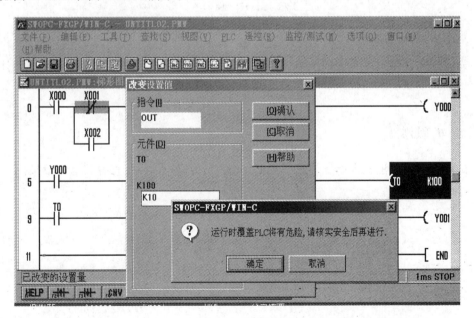

图 1.4.14 改变设置值

在程序运行监控中，如果要改变光标所在位置的计数器或计时器的输出命令状态，只需在"改变设置值"对话框中输入要改变的值，则该计数器或计时器的设置值被改变，输出命令状态亦随之改变。在图 1.4.14 中,T0 原设置值为"K100",在"改变设置值"对话框中改为"K10",并确认,则 T0 的设置值变为"K10",如图 1.4.15 所示。

注意:该功能仅仅在监控线路图时有效。

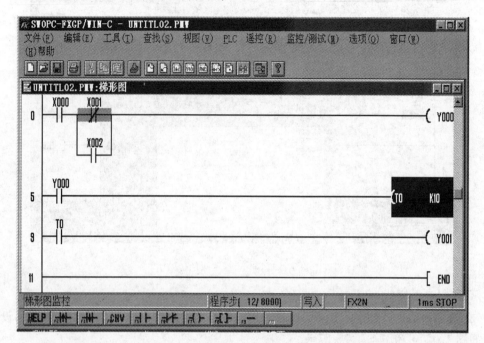

图 1.4.15　梯形图

3. 退出系统

完成程序调试退出系统前应该先核定程序文件名,将文件存盘,然后关闭 FXGP 所有应用子菜单显示图,退出系统。

试着用不同方法输入以下梯形图程序,如图 1.4.16 所示,并查看其运行效果。

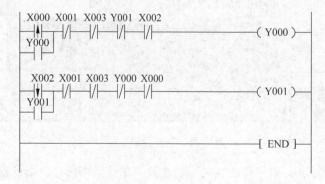

图 1.4.16　梯形图

 任务测评

评价内容	评分标准	分值	学生自评	教师评分
软件启动	正确启动编程软件	10		
熟悉界面	能够说出软件界面各部分的名称及作用	10		
程序输入	能够用各种方法输入梯形图程序	30		
程序编辑	会编辑、修改梯形图程序	20		
文件操作	掌握程序的转换、存盘、写入操作	10		
通信口参数的设置	能够正确设置通信口的参数	10		
程序的调试	会进行程序的调试	10		
合　计				

 知识拓展

三菱系列其他编程软件简单介绍见表1.4.3。

表 1.4.3　三菱系列其他编程软件简单介绍

系　列	软　件	功能、用途	定　位
GX 系列	GX Developer	程序开发、维护,编程·参数设定、项目数据管理,在线监控、诊断功能,各种网络设定、诊断功能	可编程控制器综合开发平台
	GX Simulator	通过计算机上的虚拟 CPU 进行程序的模拟,元件的动作测试(位软元件、字软元件),通过模拟输入信号进行程序模拟	程序动作的模拟
	GX Configurator	智能功能模块的启动设定、监控/测试,自动更新设定,初始设定,智能功能模块的动作监控、测试功能	智能功能模块的启动工具
	GX Converter	顺控数据转换,将顺控数据转换成 TEXT 数据、CSV 数据,将 TEXT 数据、CSV 数据转换成顺控数据	文档制作支持
	GX Explorer	维护工具,工作状态监控、故障时报警通知、项目、管理功能,诊断、监控、动作解析等	可编程控制器系统的维护
FX 系列	PX Developer	过程 CPU 的程序开发、维护,使用 FBD 语言编制环控制程序,并进行调试、监控等,与顺序控制的关联	过程 CPU 开发工具

 项目小结

1. 可编程序控制器能够完成逻辑运算、顺序控制、定时、计数和数学运算,还具有数字量或模拟量的输入/输出控制的功能。

2. PLC 的硬件主要由中央处理器(CPU)、存储器、输入/输出接口、通信接口、扩展接口和电源等组成。

3. PLC 常用的编程语言有梯形图、指令表、顺序功能图、功能块图、结构文本等。

4. PLC 内部的软元件主要有输入继电器、输出继电器、辅助继电器、定时器、计数器、状态寄存器、数据寄存器、变址寄存器。

5. MELSEC-F/FX 是三菱 FX 系列 PLC 的编程软件,该软件可以进行梯形图、指令语句表和状态流程图的绘制,完成程序的设计。

 达标检测

一、选择题

1. 第一台 PLC 产生的时间是(   )年。

    A. 1967   B. 1968   C. 1969   D. 1970

2. PLC 控制系统能取代继电-接触器控制系统的(   )部分。

    A. 整体   B. 主电路   C. 接触器   D. 控制电路

3. 在 PLC 中程序指令是按"步"存放的,如果程序为 8000 步,则需要存储单元(   )KB。

    A. 8   B. 16   C. 4   D. 2

4. 一般情况下对 PLC 进行分类时,I/O 点数为(   )点时,可以看作大型 PLC。

    A. 128   B. 256   C. 512   D. 1024

5. (   )是 PLC 的核心。

    A. CPU   B. 存储器

    C. 输入/输出部分   D. 通信接口电路

6. 用户设备需输入 PLC 的各种控制信号,通过(   )将这些信号转换成中央处理器能够接受和处理的信号。

    A. CPU   B. 输出接口电路

    C. 输入接口电路   D. EEPROM

7. 扩展模块是为专门增加 PLC 的控制功能而设计的,一般扩展模块内没有(   )。

    A. CPU   B. 输出接口电路

    C. 输入接口电路   D. 链接接口电路

8. PLC 每次扫描用户程序之前都可执行(   )。

    A. 与编程器等通信   B. 自诊断

    C. 输入取样   D. 输出刷新

9. 在 PLC 中,可以通过编程器修改或增删的是(   )。

    A. 系统程序   B. 用户程序   C. 工作程序   D. 任何程序

10. 有一 PLC 型号为 FX0N-60MR,其中输入点数为 36 点,则输出地址编号最大为(   )。

    A. Y024   B. Y027   C. Y028   D. Y036

11. FX2N 系列 PLC 中通用定时器的编号为(   )。

    A. T0~T256   B. T0~T245   C. T1~T256   D. T1~T245

12. FX2N 系列通用定时器分 100ms 和(   )ms 两种。

    A. 1000   B. 10   C. 1

13. FX2N 系列累计定时器分 1ms 和(   )ms 两种。

  A. 1000   B. 100   C. 10

14. FX2N 系列通用定时器与累计定时器的区别在于(   )。

  A. 当驱动逻辑为 OFF 或 PLC 断电时,通用定时器立即复位,而累计定时器并不复位,或驱动逻辑再次为 ON 时,累计定时器在上次定时时间的基础上继续累加,直到定时时间到达为止

  B. 当驱动逻辑为 OFF 或 PLC 断电时,累计定时器立即复位,而通用定时器并不复位,再次通电或驱动逻辑再次为 ON 时,通用定时器在上次定时时间的基础上继续累加,直到定时时间到达为止

  C. 当驱动逻辑为 OFF 或 PLC 断电时,通用定时器不复位,而累计定时器也不复位

  D. 当驱动逻辑为 OFF 或 PLC 断电时,通用定时器复位,而累计定时器也复位

15. FX2N 系列 PLC 的定时器 T 的编号采用(   )进制表示。

  A. 十   B. 八   C. 十六   D. 二

二、简答题

1. 简述可编程控制器的发展历程。

2. PLC 按应用规模和功能如何进行划分?

3. PLC 输入、输出接口电路包含哪些部分?

4. 简述 PLC 的中央处理器 CPU 工作过程。

5. PLC 的基本结构由什么组成?

6. 基本指令编程时应注意哪些问题?

7. 定时器 T 与计数器 C 有什么区别?

8. 可编程控制器与继电器及微型计算机控制系统的区别有哪些?

9. 简述 PLC 的基本工作原理。

10. 什么叫存储容量?

项目2

基本指令的应用

刘工,我用PLC做了一个电动机拖动生产线的项目,你还别说,比原来的电动机拖动接线简单多了。

好的,我现在就开始学习。

是啊,比原来的电动机拖动接线简单得多, PLC的应用很强大,你可以从最简单的基本指令学起。

 项目描述

三菱 PLC 一般有上百条或者百余条指令,通常分为基本指令和应用指令。基本指令是逻辑控制指令,一般含触点及线圈指令,定时器、计数器指令等,是使用频率最高的指令,也是初学者必须掌握的指令。

本项目主要讲述基本指令的应用,基本指令有 LD、LDI、AND、ANI、OR、ORI、OUT等 20 多个,学会基本指令的使用是学好编程的基础。那么,基本指令具体是如何使用的呢? 接下来我们就来学习。

 知识目标

- 能够说出 PLC 基本指令的功能。
- 会利用 PLC 内部的软元件和基本指令进行程序设计。
- 会运用梯形图、指令语句表编程。
- 能够完成指令语句表和梯形图之间的相互转换。

 技能目标

- 能够运用基本指令完成任务的程序设计、接线、运行和调试。
- 培养学生的基本编程能力。

 职业素养

- 培养学生的动手操作能力和解决问题的能力。
- 培养学生安全规范操作的习惯。

任务 1　认识常用的基本指令

相关知识与技能点

- 掌握 LD、LDI、AND、ANI、OR、ORI、OUT 指令的功能及使用。
- 了解 ANB、ORB 指令的功能、电路表示形式。
- 掌握 LDP、LDF、ANDP、ANDF、ORP、ORF 指令的功能及使用。
- 熟悉 INV、NOP、END 指令的功能及使用。
- 理解 PLC 控制系统设计的基本内容。

工作任务

　　可编程控制器是专门为工业环境应用而设计制造的计算机,修改控制程序即可实现不同的生产加工工艺,而且可编程控制器完全克服了继电控制系统可靠性低、通用性差的缺点。本任务通过介绍相关基本指令,熟悉 PLC 的基本编程方法。

知识平台

一、逻辑取指令与输出线圈指令(LD、LDI、OUT)

1. LD、LDI 指令

LD:取指令,表示一个与输入母线相连的常开触点指令,即常开触点逻辑运算起始。

LDI:取反指令,表示一个与输入母线相连的常闭触点指令,即常闭触点逻辑运算起始。

操作数范围:LD、LDI 指令适用于所有的继电器,即 X、Y、M、S、T、C 的常开触点。

2. OUT 指令

OUT:输出指令,将运算结果输出到指定的继电器线圈。

操作数范围:OUT 指令适用于 Y、M、S、T、C。

注意:OUT 指令不能输出控制输入继电器 X,继电器 X 只能由 PLC 外部输入信号控制。

二、触点的串并联指令(AND、ANI、OR、ORI)

1. AND、ANI 指令

AND:逻辑与运算指令,表示串联-常开触点。

ANI:逻辑与非运算指令,表示串联-常闭触点。

操作数范围:X、Y、M、S、T、C。

2. OR 和 ORI 指令

OR：逻辑或运算指令，表示并联-常开触点。

ORI：逻辑或非运算指令，表示并联-常闭触点。

【例 2.1.1】 分析图 2.1.1 所示梯形图的工作原理。

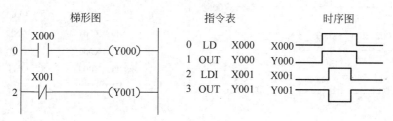

图 2.1.1 例 2.1.1 图

例题解释：如图 2.1.1 所示，当继电器 X0 接通时，常开触点 X0 接通，输出继电器 Y0 接通；当继电器 X1 断开时，动断触点 X1 接通，输出继电器 Y0 接通。

【例 2.1.2】 分析表 2.1.1 中所示梯形图的工作原理。

表 2.1.1 例 2.1.2 表

梯 形 图	指 令 表	时 序 图
X000 X002 X003 ──┤├──┤├──┤╱├──(Y000) X001	0 LD X000 1 OR X1 2 AND X002 3 ANI X003 4 OUT Y000	X000 X001 X002 X003 Y000

例题解释：当继电器 X0 或 X1 接通，且 X2 接通、X3 断开时，输出继电器 Y0 接通。

三、电路块连接指令（ORB、ANB）

1. 功能介绍

ORB、ANB 指令功能见表 2.1.2。

表 2.1.2 ORB、ANB 指令功能

符号、名称	功 能	电 路 表 示	操作元件	程序步
ORB 电路块或	串联电路的并联连接	──┤├──┤├──(Y005) ──┤├──┤├──	无	1
ANB 电路块与	并联电路的串联连接	──┤├──┤├──(Y005) ──┤├──┤├──	无	1

2. 实例介绍

（1）电路块串联的梯形图和指令语句表如图 2.1.2 所示。

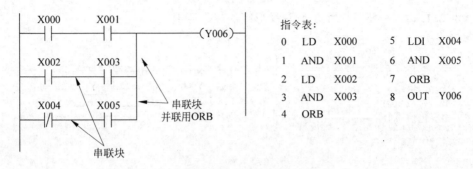

指令表：

0	LD	X000	5	LDI	X004
1	AND	X001	6	AND	X005
2	LD	X002	7	ORB	
3	AND	X003	8	OUT	Y006
4	ORB				

图 2.1.2　电路块串联的梯形图和指令语句表

（2）电路块并联的梯形图和指令语句表如图 2.1.3 所示。

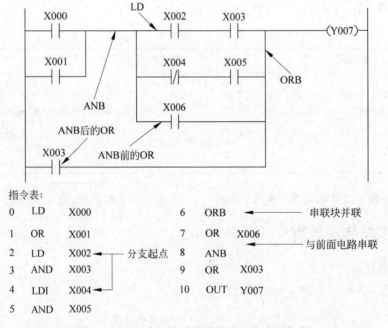

指令表：

0	LD	X000	6	ORB		←—— 串联块并联
1	OR	X001	7	OR	X006	←—— 与前面电路串联
2	LD	X002	8	ANB		分支起点
3	AND	X003	9	OR	X003	
4	LDI	X004	10	OUT	Y007	
5	AND	X005				

图 2.1.3　电路块并联的梯形图和指令语句表

四、取脉冲指令

（1）LDP、ANDP、ORP：上升沿微分指令，是进行上升沿检出的触点指令，仅在指定位软元件的上升沿时（OFF→ON 变化时）接通一个扫描周期。

（2）LDF、ANDF、ORF：下降沿微分指令，是进行下降沿检出的触点指令，仅在指定位软元件的下降沿时（ON→OFF 变化时）接通一个扫描周期。

程序步数：2 步。

操作数范围：X、Y、M、S、T、C。

图 2.1.4 所示的两个梯形图程序执行的动作相同。两种情况都在 X0 由 OFF→ON 变化时，M6 接通一个扫描周期。

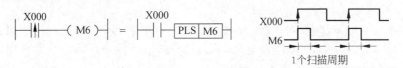

图 2.1.4 基本指令中应用

图 2.1.5 所示的两种情况都在 X000 由 OFF→ON 变化时，只执行一次 MOV 指令。

图 2.1.5 功能指令中应用

【例 2.1.3】 如图 2.1.6 所示，X0～X2 由 ON→OFF 时或由 OFF→ON 变化时，M0、M1、M5、M6 都仅有一个扫描周期接通。

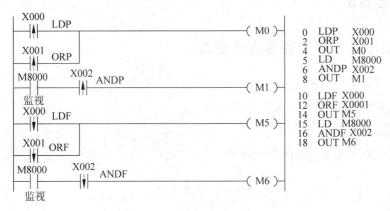

图 2.1.6 例 2.1.3 图

五、取反指令(INV)

INV 指令是在将执行 INV 指令之前的运算结果反转的指令，是不带操作数的独立指令。取反指令的应用如图 2.1.7 所示。当 X0 断开，则 Y0 接通，如果 X0 接通则 Y0 断开。

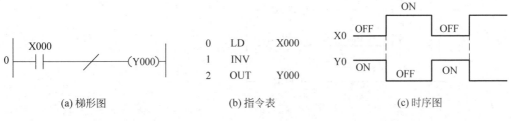

(a) 梯形图　　　　　　(b) 指令表　　　　　　(c) 时序图

图 2.1.7 取反指令 INV

六、空操作和程序结束指令（NOP、END）

NOP：空操作指令。

END：程序结束指令。

NOP 指令不带操作数，在普通指令之间插入 NOP 指令，对程序执行结果没有影响，但是将已写入的指令换成 NOP，则被换的程序被删除，程序发生变化。所以用 NOP 指令可以对程序进行编辑。如图 2.1.8 所示，当把 AND X1 换成 NOP，则触点 X1 被消除，ANI X2 换成 NOP，触点 X2 被消除。

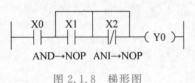

AND→NOP　ANI→NOP

图 2.1.8　梯形图

END 是程序结束指令，当一个程序结束时，后面用 END，写在 END 后的程序不能被执行。如果程序结束不用 END，在程序执行时会扫描完整个用户存储器，延长程序的执行时间，有的 PLC 还会提示程序出错，程序不能运行。

 巩固训练

一、根据以下梯形图写出指令表

1. 梯形图一

梯形图如图 2.1.9 所示，写出指令表。

2. 梯形图二

梯形图如图 2.1.10 所示，写出指令表。

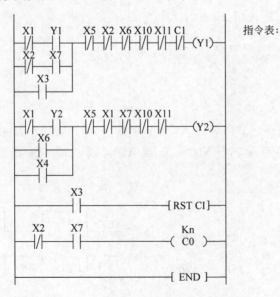

图 2.1.9　梯形图一

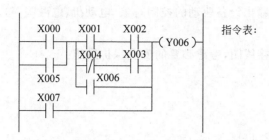

图 2.1.10 梯形图二

二、把下列指令语句表转换成梯形图

1.
```
0000   LD    X000
0001   ANI   X001
0002   OR    X002
0003   OUT   Y000
0004   END
```

2.
```
0000   LDI   X001
0001   OR    Y001
0002   LD    X002
0003   ORI   Y002
0004   ANB
0005   OUT   Y002
0006   END
```

任务测评

评 价 内 容	评 分 标 准	分值	学生自评	教师评分
取指令与串并联指令	掌握 LD、LDI、AND、ANI、OR、ORI、基本指令的功能	20		
电路块连接指令	能区分 ANB、ORB 指令的功能	15		
取脉冲指令	熟悉 LDP、ANDP、ORP、LDF、ANDF、ORF 指令的表示形式	15		
取反指令	能进行取反 INV 指令的分析及使用	15		
空操作和程序结束指令	掌握 END 和 OUT 指令的功能及使用	15		
指令语句表与梯形图转换	能够进行指令语句表和梯形图之间的相互转换	20		
合　计				

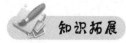

知识拓展

PLC 控制系统设计的基本内容

（1）选择用户输入设备（按钮、操作开关、限位开关和传感器等）、输出设备（继电器、接触器和信号灯等执行元件)以及由输出设备驱动的控制对象(电动机、电磁阀等)。

(2) 选择 PLC。

(3) 分配 I/O 点,绘制电气原理接线图,考虑必要的安全保护措施。

(4) 设计控制程序。

(5) 必要时,设计控制台。

(6) 调试。

PLC 控制系统设计的流程如图 2.1.11 所示。

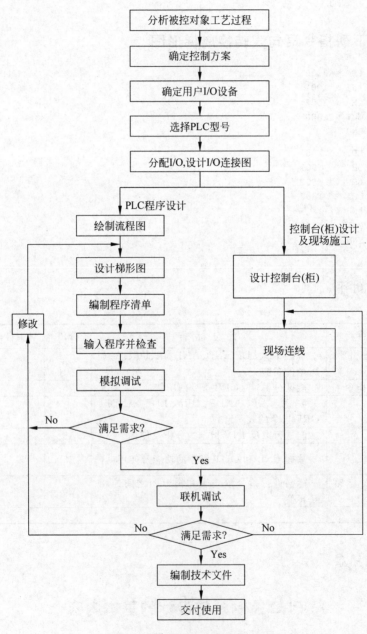

图 2.1.11 PLC 控制系统设计流程图

任务2　电动机的连续运转控制

相关知识与技能点

- 了解电动机连续运转控制的工作过程。
- 能根据任务要求进行连续运转控制程序的设计、运行与调试。
- 掌握根据继电器控制电路进行 PLC 控制设计的方法。

工作任务

电动机是生产机械的原动机,其最常用的控制方法是继电-接触电路控制。如图 2.2.1 所示为接触器控制的电动机自锁正转的控制线路。如果用 PLC 取代控制电路如何进行设计? 本次活动就来解决这个问题。

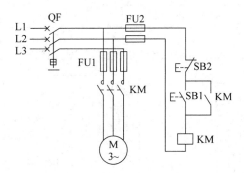

图 2.2.1　接触器控制的电动机自锁正转的控制线路

实践操作

一、选择器材

通过查找三菱 FX2N 系列选型表,选定三菱 FX2N-48MR-001(其中输入 8 点,输出 8 点,继电器输出)。通过查找电气元件选型表,选择的设备材料见表 2.2.1。

表 2.2.1　设备材料

序号	符号	设备名称	型号、规格	单位	数量	备注
1	M	电动机	Y-112M-4,380V、5.5kW、1378r/min、50Hz	台	1	
2	PLC	可编程控制器	FX2N-48MR-001	台	1	

序号	符号	设备名称	型号、规格	单位	数量	备注
3	QF1	空气断路器	DZ47-D25/3P	个	1	
4	QF2	空气断路器	DZ47-D10/1P	个	1	
5	FU	熔断器	RT18-32/6A	个	2	
6	KM	交流接触器	CJX2(LC1-D)-12,线圈电压220V	个	1	
7	SB	按钮	LA39-11	个	2	

二、列I/O地址分配表、画原理接线图

控制电路中有2个控制按钮,一个是启动按钮SB1,另一个是停止按钮SB2,这样整个系统总的输入点数为2个,输出点数为1个。PLC的I/O地址分配见表2.2.2。

表2.2.2 PLC的I/O地址分配

输入	说 明	输出	说 明
X0	启动按钮SB1	Y0	交流接触器KM
X1	停止按钮SB2		

PLC控制的电动机单向连续运行电气原理接线图如图2.2.2所示。

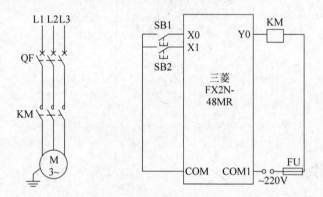

图2.2.2 PLC控制的电动机单向连续运行电气原理接线图

三、设计梯形图

PLC控制电动机自锁正转的程序设计有很多方法,现介绍根据继电-接触器控制原理进行梯形图程序设计的方法。

1. 程序设计

继电-接触器控制电路中的元件触点是通过不同的图形符号和文字符号来区分的,而PLC触点的图形符号只有常开和常闭两种,对于不同的软元件通过文字符号来区分。例如,图2.2.3(a)所示的热继电器与停止按钮SB2的图形、文字符号都不相同。

第一步：将所有元件的常开、常闭触点直接转换成 PLC 的图形符号，接触器 KM 线圈替换成 PLC 中的符号。在继电-接触器控制电路中的熔断器是为了短路保护，PLC 程序不需要保护，这类元件在程序中是可以省略的。替换后如图 2.2.3(b)所示。

第二步：根据 I/O 地址分配表，将图 2.2.3(b)中继电器的图形符号替换为 PLC 的软元件符号。替换后如图 2.2.3(c)所示。

第三步：程序优化。采用转换方式编写的梯形图应进行优化，以符合 PLC 梯形图的编程原则。PLC 程序从左母线开始，逻辑行运算后的结果输出给相应软继电器的线圈，然后与右母线连接，在软继电器线圈右侧不能有任何元件的触点。从转换后的图 2.2.3(c)中可以看到，在线圈右侧有热保护继电器的动断触点，在程序优化后改为线圈的左侧，逻辑关系不变。图 2.2.3(d)中的程序就是典型的具有自保持功能的电动机连续运行控制梯形图程序。

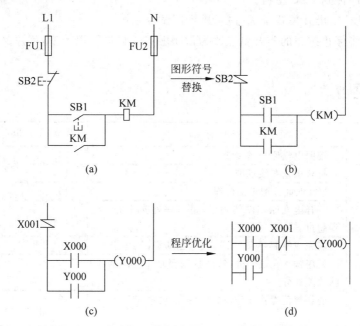

图 2.2.3 继电器电路转换 PLC 程序示意图

语句表程序如下：

步序	指令	
0	LD	X000
1	ANI	X001
2	OR	Y000
3	OUT	Y000

在梯形图程序中 X0 与 Y0 先并联，然后与 X1 串联，因为每次逻辑运算只能有两个操作数，所以将 X0 和 Y0 进行或运算后结果只有一位，再与后续进行运算。X0 与 Y0 的并联读作 X0 或 Y0，或运算为 OR 指令。

2. 程序分析

按下启动按钮 SB1,输入继电器 X0 的动合触点闭合,输出继电器 Y0 线圈得电,Y0 动合触点闭合自锁,使交流接触器 KM 的线圈得电,KM 主触点闭合,电动机得电连续运转。

按下停止按钮 SB2,输入继电器 X1 的动断触点断开,输出继电器 Y0 线圈失电,使交流接触器 KM 的线圈失电,KM 主触点断开,电动机失电停止运转。

巩固训练

(1) 根据 PLC 原理接线图进行安装、接线。

(2) 检查无误后打开电源开关,将程序输入计算机。

(3) 将程序传到 PLC 主机。

(4) 将 PLC 主机开关置于运行挡,进行调试。

(5) 可否将停止按钮的常开触点改为常闭触点?如果可以改变,程序又该如何设计?

任务测评

评价内容	评 价 标 准	分值	学生自评	教师评分
外部接线	按照电气原理图接线	10		
接线工艺	符合工艺布线标准	10		
I/O 地址分配	I/O 地址分配正确合理	10		
原理接线图	符合电气原理图的画法,每错一处扣 1 分,错误超过 5 处为 0 分	10		
程序设计	能完成控制要求 20 分,具有创新意识 10 分	30		
程序调试与运行	程序输入正确 5 分,符合控制要求 10 分,能排除故障 5 分	20		
安全操作规范	能够规范操作 5 分,物品设备摆放整齐 5 分	10		
合 计				

知识拓展

根据继电器控制电路进行 PLC 控制设计的方法

1. 应遵守梯形图语言中的语法规定

例如,在继电器控制电路中,触点可以放在线圈的左边或右边,而在梯形图中,触点只能放在线圈的左边,线圈必须与右母线连接。

2. 常闭触点提供输入信号的处理

在继电器控制电路中使用的常闭触点,如果在梯形图转换过程中仍采用常闭触点,使其与继电器控制电路一致,那么在输入信号接线时就一定要接本触点的常开触点。

3. 外部联锁电路的设定

为了防止外部 2 个不可同时动作的接触器同时动作,除了在梯形图中设立软件互锁外,还应在 PLC 外部设置硬件互锁电路。

4. 时间继电器瞬动触点的处理

对于有瞬动触点的时间继电器,可以在梯形图的定时器线圈的两端并联辅助继电器,这个辅助继电器的触点可以当作时间继电器的瞬动触点使用。

5. 热继电器过载信号的处理

如果热继电器为自动复位型,其触点提供的过载信号就必须通过输入点将信号提供给 PLC;如果热继电器为手动复位型,可以将其常闭触点串联在 PLC 输出电路中交流接触器线圈上。当然,过载时接触器断电,电动机停转,但 PLC 的输出依然存在,因为 PLC 没有得到过载的信号。

任务3 PLC 控制电动机正反转的设计

相关知识与技能点

- 掌握正反转控制电路的原理。
- 了解经验设计法的具体步骤。
- 能进行 PLC 正反转电路的程序设计、接线、调试。

工作任务

在生产应用中,经常遇到要求电动机具有正、反转控制功能,如图 2.3.1 所示是卷扬机运行控制实物模拟图。要求实现当按下正转按钮时,小车上行;按下反转按钮时,小车下行;按下停止按钮时,小车停止运行。

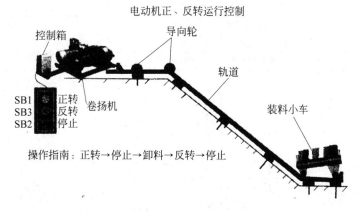

图 2.3.1 卷扬机运行控制实物模拟图

一、分析继电器控制的工作原理图

如图 2.3.2 所示,按一下 SB2,KM1 线圈得电,KM1 主触点闭合,电动机正转;按一下 SB1,KM1 线圈失电,主触点断开,电动机失电停止转动;按一下 SB3 呢?

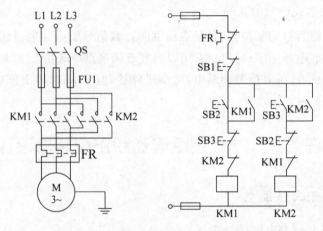

图 2.3.2 继电器控制的工作原理图

二、选择器材、列 I/O 地址分配表、画原理接线图(控制电路)

如果考虑热继电保护,PLC 输入端相接的元件有停止按钮 SB1、正转启动按钮 SB2、反转启动按钮 SB3、热继电器 FR 四个元件;PLC 输出端相接的元件有正转交流接触器 KM1 和反转交流接触器 KM2。I/O 地址分配见表 2.3.1,原理接线图如图 2.3.3 所示。

表 2.3.1 I/O 地址分配表

输入	说 明	输出	说 明
X0	停止按钮 SB1	Y0	交流接触器 KM1
X1	正转启动按钮 SB2	Y1	交流接触器 KM2
X2	反转启动按钮 SB3		
X3	热继电器 FR		

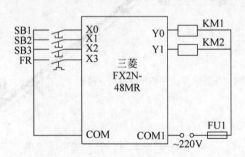

图 2.3.3 控制电路原理接线图

三、设计梯形图

前面学习了由继电-接触器控制原理图转换为梯形图程序的设计方法,下面介绍采用 PLC 典型梯形图程序编程方法,逐步增加相应功能。

第一步:根据不同的控制功能,按单个功能块进行设计,例如在当前项目中先不考虑正转与反转之间的关系,可以看作是一个正转电动机的起停控制和一个反转电动机的起停控制。电动机正转时,有启动按钮 SB2,停止按钮 SB1,输出继电器为 KM1;电动机反转时,有启动按钮 SB3,停止按钮 SB1,输出继电器为 KM2。控制电路均是典型的电动机连续运行控制电路,如图 2.3.4 所示。根据 I/O 地址分配表 2.3.1 可分别设计出正转和反转控制程序,如图 2.3.5 所示。可以看到两个程序的结构是一样的,只要修改对应的输入/输出点符号即可。

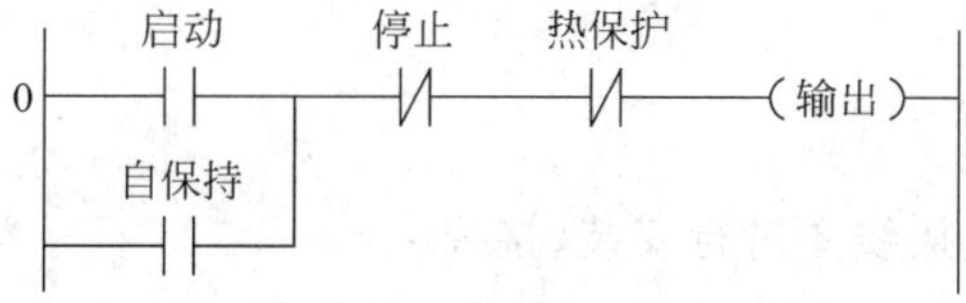

图 2.3.4 典型电动机连续运行控制程序

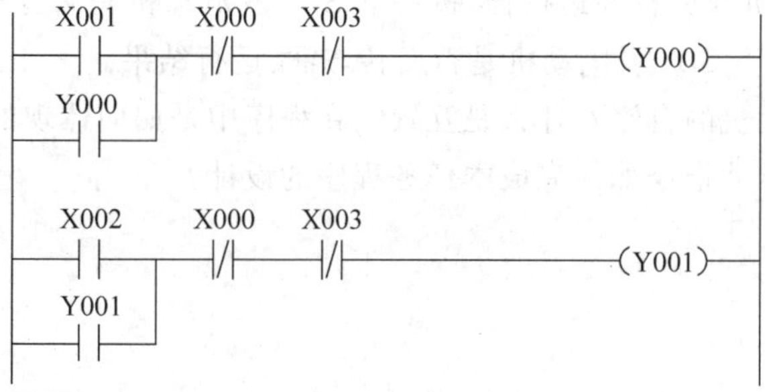

图 2.3.5 正、反转的程序

第二步:考虑到两个交流接触器不能同时输出的问题,需要在各自的逻辑行中增加具有互锁功能的动断触点,如图 2.3.6 所示。

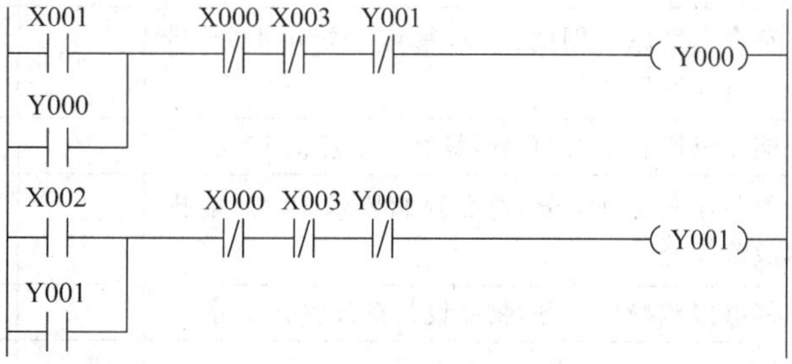

图 2.3.6 接触器互锁的正、反转程序

第三步:下面考虑启动按钮之间的互锁问题,在各自的逻辑行中增加具有按钮互锁功能的动断触点,如图 2.3.7 所示。

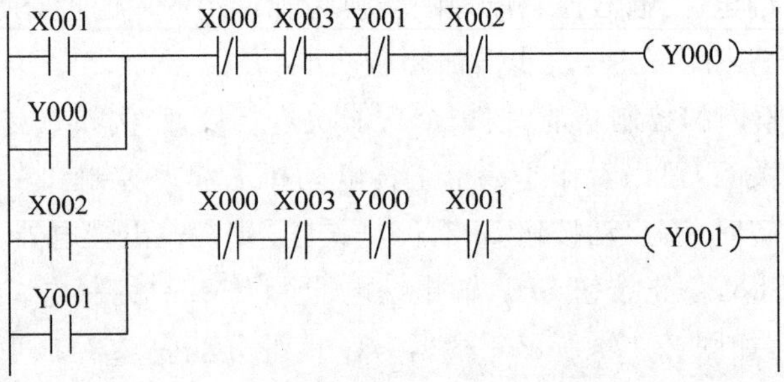

图 2.3.7　按钮、接触器互锁的正、反转程序

巩固训练

(1) 根据 PLC 原理接线图进行安装、接线。

(2) 检查无误后打开电源开关,将程序输入计算机。

(3) 将程序传到 PLC 主机。

(4) 将 PLC 主机开关打到运行挡,按一下 SB2 看电动机是否正转,按一下 SB1 看电动机是否停止,按一下 SB3 看电动机是否反转,观察运行结果。

(5) 什么是电动机的自锁?什么是互锁?在程序中是如何体现的?

(6) 若运用取脉冲指令如何完成本任务程序的设计?

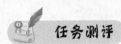

任务测评

评价内容	评价标准	分值	学生自评	教师评分
外部接线	按照电气原理图接线	10		
接线工艺	符合工艺布线标准	10		
I/O 地址分配	I/O 地址分配正确合理	10		
原理接线图	符合电气原理图的画法,每错一处扣 1 分,错误超过 5 处为 0 分	10		
程序设计	能完成控制要求 20 分,具有创新意识 10 分	30		
程序调试与运行	程序输入正确 5 分,符合控制要求 10 分,能排除故障 5 分	20		
安全操作规范	能够规范操作 5 分,物品设备摆放整齐 5 分	10		
合　计				

经验设计法

PLC 梯形图程序用"经验设计法"编写,是沿用了设计继电器电路图的方法来设计梯形图的,即在某些典型电路的基础上,根据被控对象对控制系统的具体要求,不断地修改和完善梯形图。有时需要多次反复地进行调试和修改梯形图,不断地增加中间编程元件和辅助触点,最后才能得到一个较为满意的结果。因此,经验设计法是指利用已有的经验(一些典型的控制程序、控制方法等),对其进行重新组合或改造,再经过多次反复修改,最终得出符合要求的控制程序的方法。

这种设计方法没有普遍的规律可以遵循,具有很大的试探性和随意性,最后的结果也不是唯一的,设计所用的时间、设计质量与设计者的经验有很大的关系。用经验设计法编程,可归纳为以下四个步骤。

1. 控制模块划分(工艺分析)

在准确了解控制要求后,合理地对控制系统中的事件进行划分,得出控制要求由几个模块组成、每个模块要实现什么功能、因果关系如何、模块与模块之间怎样联络等内容。划分时,一般可将一个功能作为一个模块来处理,也就是说,一个模块完成一个功能。

2. 功能及端口定义

对控制系统中的主令元件和执行元件进行功能定义、代号定义与 I/O 口的定义(分配),画出 I/O 接线图。对于一些要用到的内部元件,也要进行定义,以方便后期的程序设计。在进行定义时,可用资源分配表的形式来合理安排元器件。

3. 功能模块梯形图程序设计

根据已划分的功能模块,进行梯形图程序的设计,一个模块对应一个程序。这一阶段的工作关键是找到一些能实现模块功能的典型的控制程序,对这些控制程序进行比较,选择最佳的控制程序(方案选优),并进行一定的修改补充,使其能实现所需功能。这一阶段可由几个人一起分工编写程序。

4. 程序组合,得出最终梯形图程序

对各个功能模块的程序进行组合,得出总的梯形图程序。组合以后的程序,它只是一个关键程序,而不是一个最终程序(完善的程序),在这个关键程序的基础上,需要进一步对程序进行补充、修改。经过多次反复完善,最后得出一个功能完整的程序。

任务4 运料小车两地往返运行的设计

相关知识与技能点

- 掌握定时器的分类、工作原理及应用。

- 能利用不同类型的定时器进行简单程序的设计。
- 会运用经验设计法进行运料小车两地往返的程序设计、运行、调试。

工作任务

在自动化生产线中,要求小车在两地之间自动往返运行的情况有很多。如图 2.4.1 所示,小车在煤场和煤仓两地间自动往返运煤。控制要求:按下启动按钮 SB1,小车左行。当小车到达煤场后,触发行程开关 SQ1,小车停留 5s,装料。定时时间到后,小车启动右行,当小车到达煤仓后,触发行程开关 SQ2,小车停留 8s,卸料。定时时间到后,小车左行回到煤场进行下一次的运煤过程。按下停止按钮 SB2,小车停止运行。这套系统是如何实现小车两地往返进行控制的呢?本任务就来解决这个问题。

图 2.4.1　小车两地往返运行示意图

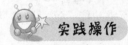
实践操作

一、分析控制要求

小车在煤场和煤仓两地间自动往返运煤实质上是电动机的正反转运动和定时器的应用。由于电动机正反转控制前面任务已经学习,所以本任务来解决定时器的问题。

二、选择器材、列 I/O 地址分配表、画原理接线图

控制电路中有 2 个控制按钮,启动按钮 SB1 和停止按钮 SB2;2 个行程开关 SQ1 和 SQ2。控制系统总的输入点数为 5 个,输出点数为 2 个。PLC 的 I/O 地址分配见表 2.4.1。

表 2.4.1 PLC 的 I/O 地址分配

输入	说　　明	输出	说　　明
X0	启动按钮 SB1	Y0	交流接触器 KM1
X1	停止按钮 SB2	Y1	交流接触器 KM2
X2	行程开关 SQ1		
X3	行程开关 SQ2		
X4	热继电器 FR		

运料小车两地往返运动控制电气原理接线图如图 2.4.2 所示。

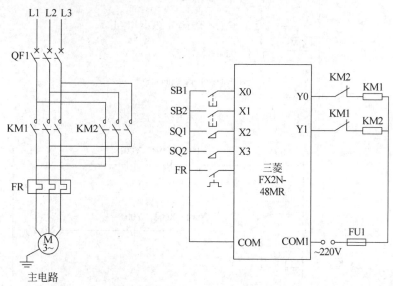

图 2.4.2 运料小车两地往返运动控制电气原理接线图

三、设计梯形图

前面学习了用 PLC 实现电动机的正、反转控制,在此基础上采用逐步增加相应功能的编程方法来实现顺序控制,从中学习程序设计的思路。图 2.4.3 为小车往返运行流程图。

第一步:根据任务 3 的电动机正、反转控制程序结构,结合本任务的 I/O 地址分配表及控制要求对原程序进行修改,由于没有反转按钮,原 X2 的位置符号待定,修改后的程序结构如图 2.4.4 所示。

第二步:增加行程开关和定时控制的程序。

(1) 当小车左行到位后,行程开关 SQ1 闭合,即为定时器 Y0 失电的条件,T0 后面的参数 K50 表示定时时间为 5s。

(2) 当小车右行到位后,行程开关 SQ2 得电,即为定时器 Y1 失电的条件,T1 后面的参数 K80 表示定时时间为 8s。

在程序中添加行程开关触发定时器及使输出继电器失电的开关和定时控制的程序。

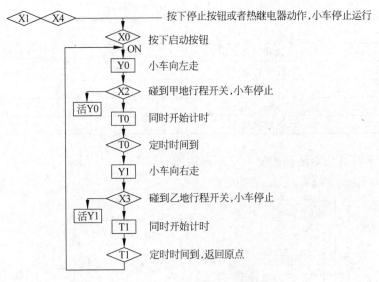

图 2.4.3　小车往返运行流程图

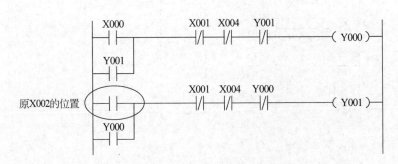

图 2.4.4　修改后的程序结构

第三步：下面考虑定时时间到时电动机继续运行的问题。T0 时间到是小车右行启动的条件；T1 时间到是小车左行启动的条件。在程序中添加定时器动合触点触发小车运行的程序段,图 2.4.5 所示为运料小车两地自动往返运行控制程序。

程序说明如下。

按下启动按钮 SB1,输入继电器 X0 闭合,输出继电器 Y0 线圈得电,交流接触器 KM1 的线圈得电,电动机正转运行,小车左行。

小车到达煤场后,行程开关 SQ1 动作,输出继电器 Y0 线圈失电,交流接触器 KM1 的线圈失电,小车停止运行,定时器 T0 开始计时。定时 5s 后,输出继电器 Y1 线圈得电,交流接触器 KM2 的线圈得电,电动机反转运行,小车自动右行。

小车到达煤仓后,行程开关 SQ2 动作,输出继电器 Y1 线圈失电,交流接触器 KM2 的线圈失电,小车停止运行,定时器 T1 开始计时。定时 8s 后,输出继电器 Y0 线圈得电,交流接触器 KM1 的线圈得电,电动机正转运行,小车自动左行。

小车在煤场和煤仓两地之间往返运动。

按下停止按钮 SB2,输入继电器 X1 断开,使输出继电器 Y0 或 Y1 线圈失电,电动机

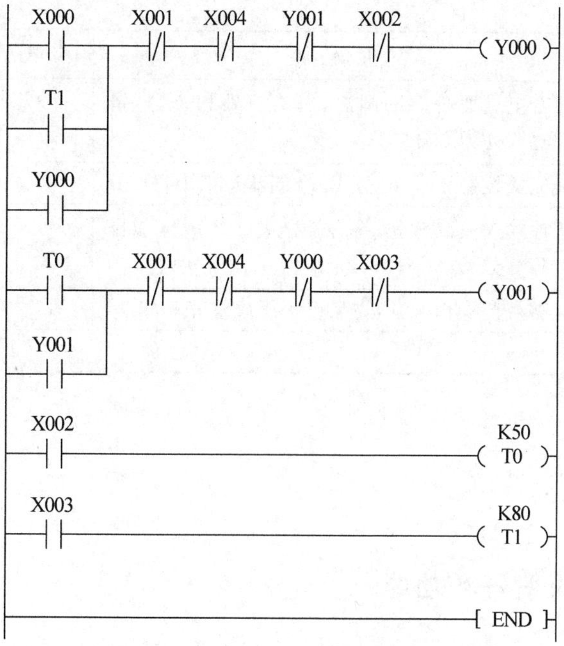

```
  X000    X001  X004  Y001  X002
 ──┤├──────┤/├──┤/├──┤/├──┤/├─────────( Y000 )
  T1
 ──┤├──
  Y000
 ──┤├──

  T0      X001  X004  Y000  X003
 ──┤├──────┤/├──┤/├──┤/├──┤/├─────────( Y001 )
  Y001
 ──┤├──

  X002                                  K50
 ──┤├──────────────────────────────────( T0 )

  X003                                  K80
 ──┤├──────────────────────────────────( T1 )

                                       ─[ END ]
```

图 2.4.5· 运料小车两地自动往返运行控制程序

停止运行。电动机发生过载时,FR 动作,输入继电器 X4 断开,使输出继电器 Y0 或 Y1 线圈失电,电动机停止运行。

 巩固训练

(1) 根据 PLC 原理接线图进行安装、接线。

(2) 检查无误后打开电源开关,将程序输入计算机。

(3) 将程序传到 PLC 主机。

(4) 将 PLC 主机开关打到运行挡,按一下启动按钮,观察小车的运行状况。

(5) 更换不同种类的定时器进行运行调试,观察有什么不同。

(6) 如果任务要求中增加小车正常运行时绿灯常亮,煤场没有料(有料检测传感器)或者仓库装满(仓库装满检测传感器)小车停止运行并且红灯闪烁(亮1s灭2s),解除故障后恢复正常运行,程序又该如何设计?

 任务测评

评价内容	评价标准	分值	学生自评	教师评分
外部接线	按照电气原理图接线	10		
接线工艺	符合工艺布线标准	10		
I/O 地址分配	I/O 地址分配正确合理	10		

续表

评价内容	评价标准	分值	学生自评	教师评分
原理接线图	符合电气原理图的画法,每错一处扣1分,错误超过5处为0分	10		
程序设计	能完成控制要求20分,具有创新意识10分	30		
程序调试与运行	程序输入正确5分,符合控制要求10分,能排除故障5分	20		
安全操作规范	能够规范操作5分,物品设备摆放整齐5分	10		
合　计				

 知识拓展

一、定时器的编号和功能

FX2N系列PLC共有256个定时器,编号为T0～T255,每个定时组件的设定值范围为1～32767。定时器在PLC中的作用相当于通电延时时间继电器,它有一个设定值寄存器(一个字长),一个当前值寄存器(一个字长)以及动合和动断触点(可无限次使用)。对于每一个定时器,这三个量使用同一地址编号,但使用场合不一样。

定时器通常以用户程序存储器内的常数K作为设定值,也可以使用数据寄存器D的内容作为设定值。这里使用的数据寄存器应有断电功能。

定时器按功能可分为通用定时器和累计定时器两大类,每类又分两种。

1. 通用定时器 T0～T245

通用定时器分为100ms和10ms两种。

100ms通用定时器T0～T199,共200个,每个设定值范围为0.1～3276.7s,其中T192～T199可在子程序或中断服务程序中使用。

10ms通用定时器T200～T245,共46个,每个设定值范围为0.01～327.67s。

2. 累计定时器 T246～T255

累计定时器分为100ms和1ms两种。

1ms累积定时器T246～T249,共4个,每个设定值范围为0.001～32.767s。考虑到一般实用程序的扫描时间都要大于1ms,所以该定时器一般设计成以中断方式工作。可以在子程序或中断服务程序中使用。

100ms累积定时器T250～T255,共6个,每个设定值范围为0.1～3276.7s。100ms累积定时器不能在子程序或中断服务程序中使用。

通用与累计定时器的异同：当驱动逻辑为 ON 后，定时器的动作是相同的，但是，当驱动逻辑为 OFF 或者 PLC 断电后，通用定时器立即复位；而累计定时器并不复位；当驱动逻辑再次为 ON 或者 PLC 恢复通电后，累计定时器在上次定时时间的基础上继续累加，直到定时时间到达为止。

二、定时器的基本应用

【例 2.4.1】 分别用不同基准时间的通用定时器实现当 X0 接通时间超过 2s 后 Y1 输出，当 X0 断开时，Y0 停止输出。图 2.4.6 所示为 T50 通用定时器用法图示；图 2.4.7 所示为 10ms 通用定时器用法图示。

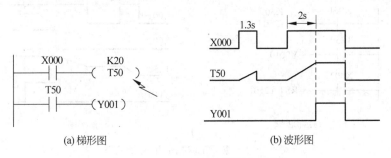

图 2.4.6 T50 通用定时器用法图示

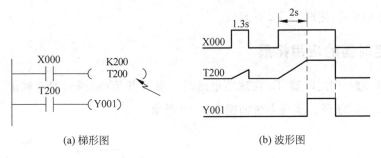

图 2.4.7 10ms 通用定时器用法图示

程序说明：图 2.4.6 和图 2.4.7 所示程序均是实现累计定时 2s 的程序，不同之处为两者的基准时间不同。X0 为 ON 后，定时器开始定时，中间断电或 X0 为 OFF 后，定时器停止计数，并且复位。当 X0 再次为 ON 后，定时器重新开始定时计数，直到定时时间 2s 到，定时辅助触点动作输出。

【例 2.4.2】 图 2.4.8 所示为 1ms 累计定时器的应用方法图示；图 2.4.9 所示为 100ms 累计定时器的应用及复位方法图示。

程序说明：图 2.4.8 和图 2.4.9 所示的程序均是实现累计定时 3s 的程序，不同之处为两者的基准时间不同。X1 为 ON 后，定时器开始定时。中间断电或 X1 为 OFF 后，定时器停止计数，但不会复位。当 X1 再次为 ON 后，定时器在原来计数值的基础上继续定时，直到定时时间 3s 到为止。

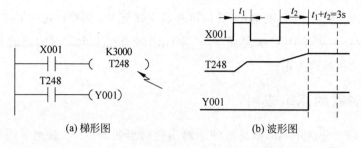

图 2.4.8　1ms 累积定时器的应用方法图示

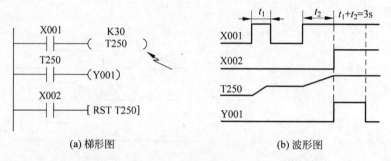

图 2.4.9　100ms 累计定时器应用及复位方法图示

累计定时器不会自动复位,只有使用复位指令时才能复位。例如,图 2.4.9 所示程序中,当 X2 为 ON 后,定时器 T250 复位。

三、定时器的应用拓展

【例 2.4.3】　用定时器 T0 实现断电延时。要求当 X0 接通时,Y0 输出;当 X0 断开时,Y0 延时 5s 后断开。实现方法如图 2.4.10 所示。

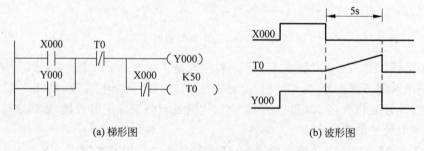

图 2.4.10　用定时器 T0 实现断电延时

程序说明:FX2N 系列的定时器只有通电延时功能,没有断电延时功能,在图 2.4.10 所示程序中,通过 X0 的动断触点与控制的时序关系实现了断电延时的控制作用。

当 X0 为 ON 时,Y0 输出,此时定时器 T0 不工作;当 X0 为 OFF 时,Y0 保持输出,定时器 T0 开始工作,定时 5s 时间到后 Y0 停止输出,从而实现了断电延时控制功能。

【例 2.4.4】 用定时器实现占空比可调的闪烁控制电路。实现方法如图 2.4.11 所示。

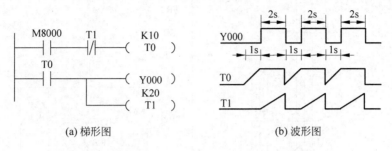

(a) 梯形图 (b) 波形图

图 2.4.11 用定时器实现占空比可调的闪烁控制电路

程序说明：在图 2.4.11 所示程序中，T0 开始工作，1s 后 T0 定时时间到，Y0 输出并保持，同时控制 T1 开始定时工作，T1 在 2s 后定时时间到，控制 T0 的复位和 Y0 停止输出，复位后 T0 开始下次的定时控制。

从程序中可以看到，修改 T0 的定时时间可以改变 Y0 低电平控制时间，修改 T1 的定时时间可以改变 Y0 的高电平输出时间。

任务 5 两台电动机顺序启动、逆序停止的设计

 相关知识与技能点

- 理解两台电动机的顺序启动、逆序停止原理图与接线图。
- 掌握 SET、RST、PLS、PLF 指令的应用。
- 能完成顺序启动、逆序停止控制系统的程序设计、运行、调试。

 **工作任务**

很多工业设备上装有多台电动机，各电动机的工作时序往往不一样。例如，通用机床一般要求主轴电动机启动后进给电动机再启动，而带有液压系统的机床一般需要先启动液压泵电动机后，才能启动其他的电动机等。即一台电动机的启动是另外一台电动机启动的条件。多台电动机的停止也同样有顺序的要求。在对多台电动机进行控制时，各电动机的启动或停止是有顺序的，这种控制方式称为顺序启停控制，本次任务就来完成两台电动机的顺序启动、逆序停止的设计。如图 2.5.1 所示为两台电动机的顺序启动、逆序停止原理图。

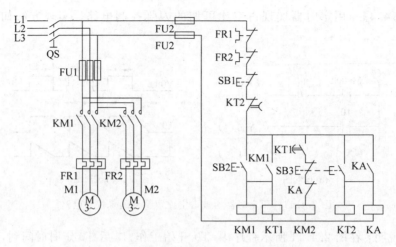

图 2.5.1　两台电动机的顺序启动、逆序停止原理图

 **实践操作**

一、分析控制要求

两台交流异步电动机 M1 和 M2，按一下启动按钮 SB2 后，电动机 M1 启动，启动 5s 后，电动机 M2 启动，完成相关工作后，按下停止按钮 SB3，M2 先停止，延时 10s 后 M1 停止，按一下 SB1 两台电动机无条件全部停止运行。

二、选择器材、列 I/O 地址分配表、画原理接线图

控制电路中有三个控制按钮，启动按钮 SB2、停止按钮 SB3 和急停按钮 SB1。控制系统总的输入点数为 3 个（不考虑热继电器），输出点数为 2 个。PLC 的 I/O 地址分配见表 2.5.1。

表 2.5.1　PLC 的 I/O 地址分配

输入	说　　明	输出	说　　明
X0	急停按钮 SB1	Y1	交流接触器 KM1
X1	启动按钮 SB2	Y2	交流接触器 KM2
X2	停止按钮 SB3		

控制电路原理接线图如图 2.5.2 所示。

三、设计梯形图

根据电动机的启动和停止顺序设计梯形图如图 2.5.3 所示。

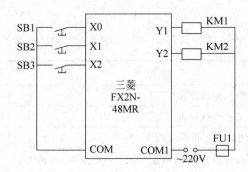

图 2.5.2 控制电路原理接线图

图 2.5.3 梯形图

 巩固训练

（1）根据 PLC 原理接线图进行安装、接线。

（2）检查无误后打开电源开关，将程序输入计算机。

（3）将程序传到 PLC 主机。

（4）将 PLC 主机开关打到运行挡，分别按一下 SB1、SB2、SB3，看电动机的运行情况。

（5）如果将控制要求改为：两台电动机顺序启动，按一下停止按钮，M2 先停止，延时
5s 后 M1 再停止，程序又将如何设计？

（6）若运用 SET 和 RST 指令如何完成程序的设计。

任务测评

评价内容	评价标准	分值	学生自评	教师评分
外部接线	按照电气原理图接线	10		
接线工艺	符合工艺布线标准	10		
I/O 地址分配	I/O 地址分配正确合理	10		
原理接线图	符合电气原理图的画法,每错一处扣 1 分,错误超过 5 处为 0 分	10		
程序设计	能完成控制要求 20 分,具有创新意识 10 分	30		
程序调试与运行	程序输入正确 5 分,符合控制要求 10 分,能排除故障 5 分	20		
安全操作规范	能够规范操作 5 分,物品设备摆放整齐 5 分	10		
合　计				

知识拓展

一、SET 和 RST 指令

SET:置位指令。当触发信号接通时,使指定元件接通并保持。

RST:复位指令。当触发信号接通时,使指定元件断开并保持或指定当前值及寄存器清零。

【例 2.5.1】 分析图 2.5.4 所示梯形图的工作原理。

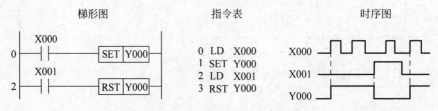

图 2.5.4　SET、RST 指令的应用

例题解释:如图 2.5.4 所示,X0 为置位触发信号,X1 为复位触发信号。当 X0 接通时,输出 Y0 接通并保持,无论 X0 是否变化,直至 X1 接通,输出 Y0 才会断开。

对同一编号的元件,SET、RST 可多次使用,顺序也可随意,但最后执行者有效。

适用范围:SET 指令适用于 Y、M、S;RST 指令适用于 Y、M、S、D、V、Z、T、C。

二、脉冲指令(PLS、PLF)

指令格式见表 2.5.2。

表 2.5.2 指令格式

符号、名称	功　能	电 路 表 示	操 作 元 件	程序步
PLS上升沿脉冲	上升沿微分输出	X000 ┤├──────[PLS M0]	Y　M	2
PLF下降沿脉冲	下降沿微分输出	X001 ┤├──────[PLF M1]	Y　M	2

任务6　交通灯的程序设计

相关知识与技能点

- 掌握计数器的分类及应用。
- 能运用不同种类的计数器进行电路的设计。
- 运用经验设计法完成交通灯的程序设计、运行、调试。

工作任务

在城市中,人们经常见到交通信号灯,其用于十字路口的交通控制。如图 2.6.1 所示为 PLC 控制十字路口的交通信号灯,控制要求为南北方向:红灯亮 130s,转到绿灯亮 100s,再按 1s 1 次的规律闪烁 3 次,然后转到黄灯亮 2s。东西方向:绿灯亮 100s,再闪烁 3 次,转到黄灯亮 2s,然后红灯亮 130s,完成一个周期,如此循环运行,如何完成程序的设计?

图 2.6.1　PLC 控制十字路口的交通信号灯

 实践操作

一、分析控制要求,画出交通灯的时序图

每个周期 50s(其中红灯亮 20s,绿灯亮 25s,绿灯闪烁 3s,黄灯亮 2s)。

交通灯的时序图如图 2.6.2 所示。

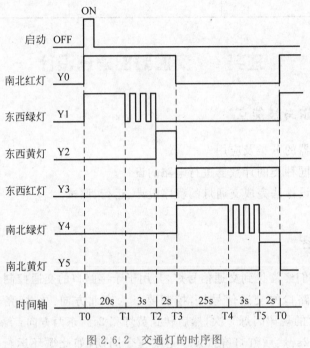

图 2.6.2 交通灯的时序图

二、选择器材、列 I/O 地址分配表、画原理接线图

在控制电路中有两个控制按钮,启动按钮 SB1 和停止按钮 SB2;南北红灯 Y0、黄灯 Y5 和绿灯 Y4;东西红灯 Y3、黄灯 Y2 和绿灯 Y1。总的输入点为 2 个,输出点为 6 个(东西黄灯和南北黄灯不使用同一个输出端的原因是便于控制功能的增加)。

PLC 的 I/O 地址分配见表 2.6.1。

表 2.6.1 PLC 的 I/O 地址分配

输 入 信 号		输 出 信 号	
X000	启动按钮 SB1	Y000	南北向红灯
X001	停止按钮 SB2	Y001	东西向绿灯
		Y002	东西向黄灯
		Y003	东西向红灯
		Y004	南北向绿灯
		Y005	南北向黄灯

原理接线图如图 2.6.3 所示。

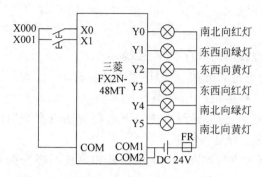

图 2.6.3   原理接线图

三、设计梯形图

交通灯的程序设计可以用经验编程法来设计,本任务属于时间循环控制的程序设计,闪烁电路需要用到计数器和定时器。程序设计如图 2.6.4 所示。

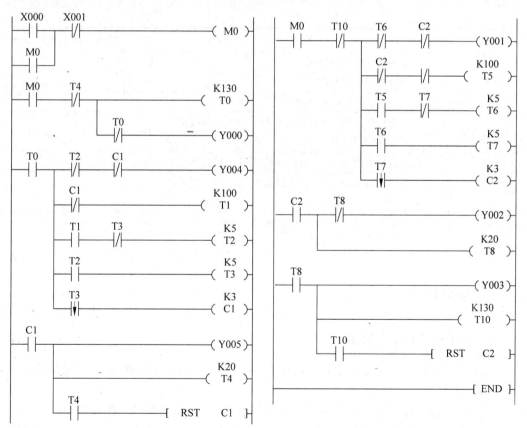

图 2.6.4   交通灯的梯形图

巩固训练

（1）根据 PLC 原理接线图进行安装、接线。

（2）检查无误后打开电源开关，将程序输入计算机。

（3）将程序传到 PLC 主机。

（4）将 PLC 主机开关打到运行挡，按一下启动按钮观察交通灯的运行情况，按一下停止按钮观察交通灯的运行是否停止。

（5）如果将控制要求改为加入一个单次循环和连续循环选择开关 SA，SA 打到左边时为单次循环状态，即交通灯循环一次自动停止；SA 打到右边时为连续循环状态，交通灯连续运行，按一下停止按钮交通灯停止运行，程序应如何设计？

（6）要求一盏灯闪烁 10 次，每次灭 2s，亮 3s，梯形图又该如何设计？

 任务测评

评价内容	评价标准	分值	学生自评	教师评分
外部接线	按照电气原理图接线	10		
接线工艺	符合工艺布线标准	10		
I/O 地址分配	I/O 地址分配正确合理	10		
原理接线图	符合电气原理图的画法，每错一处扣 1 分，错误超过 5 处为 0 分	10		
程序设计	能完成控制要求 20 分，具有创新意识 10 分	30		
程序调试与运行	程序输入正确 5 分，符合控制要求 10 分，能排除故障 5 分	20		
安全操作规范	能够规范操作 5 分，物品设备摆放整齐 5 分	10		
合　计				

 知识拓展

一、16 位递加计数器

通用型 C0～C99，共 100 点；断电保持型 C100～C199，共 100 点。设定值范围为 K1～K32767。

【例 2.6.1】 分析图 2.6.5，该图是通用计数器 C0 应用实例的工作原理。

工作原理：如图 2.6.5 所示，当触发信号 X11 每输入一个上升沿脉冲时，C0 当前值寄存器进行累积计数，当该值与设定值相等时，计数器 C0 复位，触点恢复常态，Y1 停止输出。

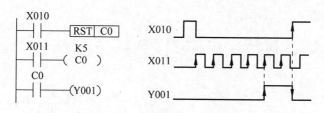

图 2.6.5　通用计数器 C0 应用实例

二、32 位加/减计数器

通用型 C200～C219,共 20 点;断电保持型 C220～C234,共 15 点。设定值范围为 −K2147483648～+K2147483647。

32 位双向计数是递加型还是递减型计数是由特殊辅助继电器 M8200～M8234 设定的。特殊辅助继电器连通(ON)时,为递减计数;断开(OFF)时,为递加计数。

递加计数时,当计数值达到设定值,接点动作并保持;递减计数时,到达计数值则复位。

三、高速计数器

C235～C255,共 21 点。适用于高速计数器的 PLC 的输入端子有 6 点:X0～X5。如果这 6 个端子中的一个被高速计数器占用,则不能用于其他用途。

高速计数器类型:

1 相无启动/复位端子高速计数器 C235～C240。

1 相带启动/复位端子高速计数器 C241～C245。

1 相 2 输入(双向)高速计数器 C246～C250。

2 相输入(A-B 相型)高速计数器 C251～C255。

上面所列计数器均为 32 位递增/减型计数器。

任务 7　工作台自动往返循环控制的设计

相关知识与技能点

- 理解工作台自动往返循环控制的工作原理。
- 掌握多重输出指令的功能及应用。
- 能完成工作台自动往返循环的控制程序的设计、运行、调试。

工作任务

在工厂中经常会看到工作台自动往返的设备,本次任务就来设计一个关于工作台的综合应用程序,如图 2.7.1 所示。

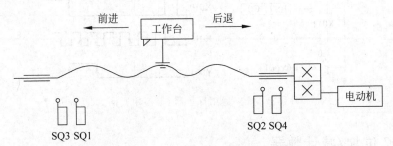

图 2.7.1　工作台自动往返循环示意图

控制要求如下。

(1) 自动循环工作。

(2) 点动控制(供调试用)。

(3) 单循环运行,即工作台前进、后退一次循环后停在原位。

(4) 8 次循环计数控制。即工作台前进、后退为一个循环,循环 8 次后自动停止在原位。

　实践操作

一、分析控制要求

工作台的前进与后退是通过电动机的正、反转来控制的,所以完成控制要求只需用电动机正反转的基本程序就可实现。

工作台工作方式有点动控制和自动连续控制两种方式,可以采用程序实现两种工作方式的转换,也可以采用控制开关来实现。

工作台有单循环和多次循环两种工作状态,可以采用控制开关来控制。

多次循环因要限定循环次数,所以选择计数器进行控制。

二、选择器材、列 I/O 地址分配表、画原理接线图

在控制电路中有三个控制按钮,正转按钮 SB2、反转按钮 SB3、停止按钮 SB1,两个转换开关 SA1、SA2,四个行程开关 SQ1~SQ4,两个交流接触器 KM1、KM2。这样总的输入点数为 9 个,输出点数为 2 个。I/O 地址分配见表 2.7.1,原理接线图如图 2.7.2 所示。

表 2.7.1　I/O 地址分配

输入	说　　明	输出	说　　明
X0	点动/自动选择 SA1	Y1	正转接触器 KM1
X1	停止按钮 SB1	Y2	反转接触器 KM2

续表

输入	说　明	输出	说　明
X2	正传按钮 SB2		
X3	反转按钮 SB3		
X4	单循环/多循环 SA2		
X5	行程开关 SQ1		
X6	行程开关 SQ2		
X7	行程开关 SQ3		
X10	行程开关 SQ4		

主电路　　　　控制电路

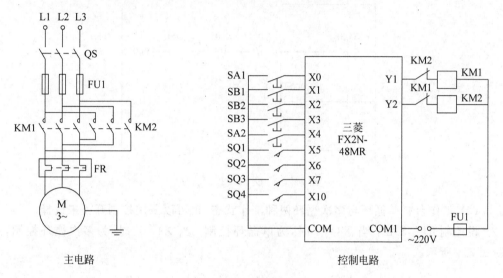

图 2.7.2　原理接线图

三、设计梯形图

(1) 工作台自动往返的正反转控制程序如图 2.7.3 所示。

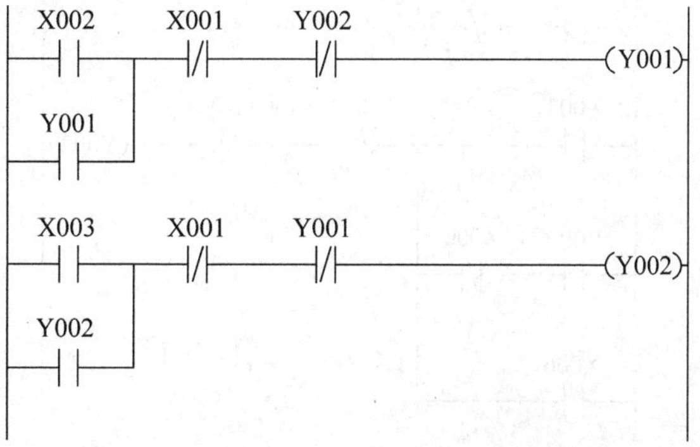

图 2.7.3　工作台自动往返的正反转控制程序

（2）工作台的工作方式有点动控制和自动连续控制两种，可以采用控制开关 SA1 来选择。

设控制开关 SA1：当 X0＝1 时，点动控制；当 X0＝0 时，为连续控制。程序如图 2.7.4 所示。

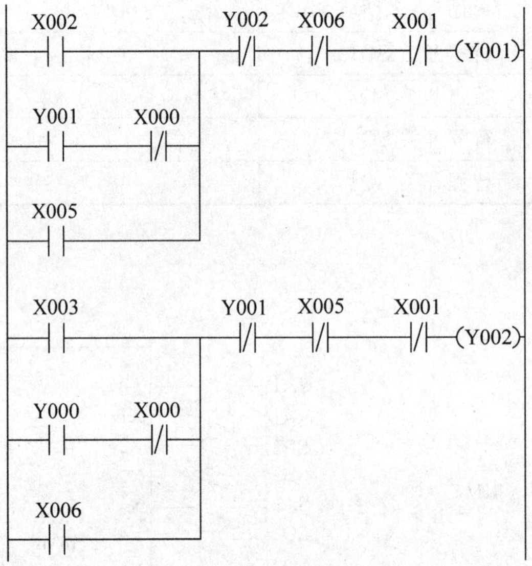

图 2.7.4　设 SA1 控制程序

（3）工作台有单循环与多次循环两种工作状态，也可以采用控制开关来选择。

设控制开关 SA2：当 X4＝1 时，为单循环控制；当 X4＝0 时，为多次循环控制，如图 2.7.5 所示。

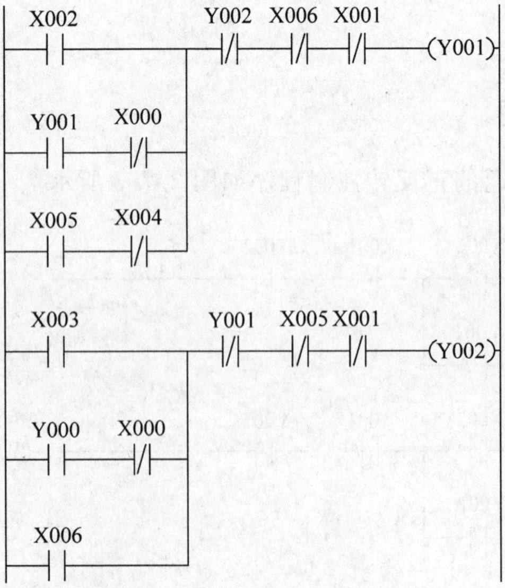

图 2.7.5　设 SA2 控制程序

（4）最后，8 次循环计数控制，完善梯形图，如图 2.7.6 所示。

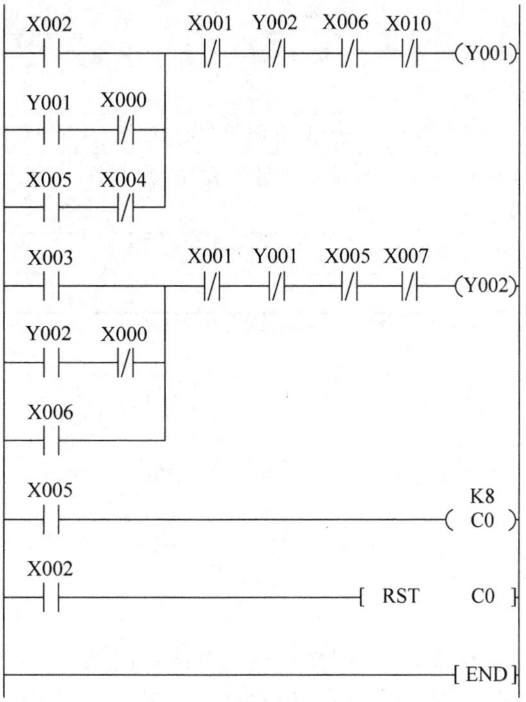

图 2.7.6　设 8 次循环计数控制程序

巩固训练

（1）根据 PLC 原理接线图进行安装、接线。

（2）检查无误后打开电源开关，将程序输入计算机。

（3）将程序传到 PLC 主机。

（4）将 PLC 主机开关打到运行挡，按一下启动按钮观察电动机的运行情况。

（5）若在控制要求中加入急停要求：当工作过程中发生意外事故（如行程开关失效等），按下急停开关，工作台应该在当前位置停止，解除故障后，工作台从当前位置继续运行，这时候程序又该怎么设计？

任务测评

评价内容	评价标准	分值	学生自评	教师评分
外部接线	按照电气原理图接线	10		
接线工艺	符合工艺布线标准	10		
I/O 地址分配	I/O 地址分配正确合理	10		

续表

评价内容	评价标准	分值	学生自评	教师评分
原理接线图	符合电气原理图的画法,每错一处扣 1 分,错误超过 5 处为 0 分	10		
程序设计	能完成控制要求 20 分,具有创新意识 10 分	30		
程序调试与运行	程序输入正确 5 分,符合控制要求 10 分,能排除故障 5 分	20		
安全操作规范	能够规范操作 5 分,物品设备摆放整齐 5 分	10		
合　计				

多重输出指令 MPS、MRD、MPP

MPS,进栈指令。

MRD,读栈指令。

MPP,出栈指令。

在 PLC 中有 11 个存储器,它们用来存储运算的中间结果,称为栈存储器。使用 1 次 MPS 指令就将此时的运算结果送入栈存储器的第 1 段。再使用 MPS 指令,又将此时刻的运算结果送入栈存储器的第 1 段,而将原先存入的数据依此移到栈存储器的下 1 段。

使用 MPP 指令,各数据按顺序向上移动,将最上段的数据读出,同时该数据就从栈存储器中消失。MRD 是读出最上段所存的最新数据的专用指令,栈存储器内的数据不发生移动。

这些指令都是不带操作数的独立指令。MPS、MRD、MPP 的使用如图 2.7.7～图 2.7.9 所示。

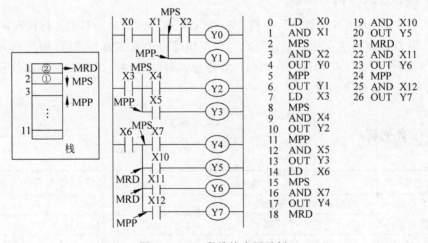

图 2.7.7　一段堆栈应用示例

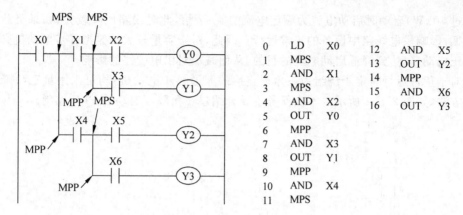

图 2.7.8 二段堆栈应用实例

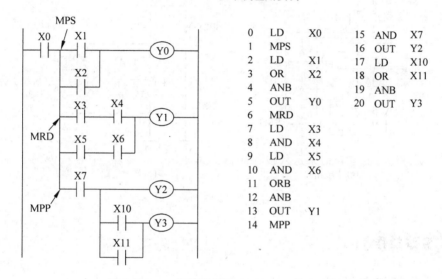

图 2.7.9 一段堆栈并用 ANB、ORB 指令示例

任务 8 电动机的星三角降压启动控制电路的设计

相关知识与技能点

- 掌握 MC、MCR 等指令的功能及应用。
- 能正确识读三相异步电动机星三角降压启动控制系统的线路图。
- 能完成电动机星三角降压启动控制程序的设计、运行、调试。

工作任务

启动时加在电动机定子绕组上的电压为电动机的额定电压,这种启动方式称为直接启动,它适用于 10kW 及以下容量的三相异步电动机。而容量较大的笼型异步电动机(一般超过 10 kW)启动时启动电流为额定电流的 4～7 倍,此时线路压降较大,如果负载端电压降低,影响供电线路中设备的正常运行。因此,对于容量较大的笼型异步电动机必须采用降压启动,以达到降低启动电流的目的,从而减小对供电线路的影响。

对于正常运行时定子绕组为三角形连接的笼形异步电动机,均可采用星三角降压启动的方法,如图 2.8.1 所示。本次任务主要介绍星三角降压启动的 PLC 控制。

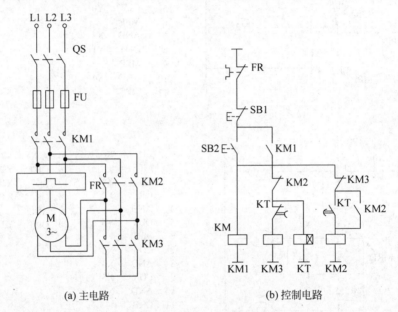

(a) 主电路　　　　　(b) 控制电路

图 2.8.1　异步电动机星三角降压启动原理图

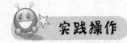 实践操作

一、分析控制要求

控制要求:按一下启动按钮 SB2,接触器 KM1 线圈得电,同时接触器 KM3 的线圈得电,电动机采用星形接法启动,延时 5s 后接触器 KM2 线圈得电,KM3 线圈失电,电动机采用三角形接法运行。按一下停止按钮 SB1,电动机停止运行。

二、选择器材、列 I/O 地址分配表、画原理接线图

在控制电路中有 2 个控制按钮,启动按钮 SB2 和停止按钮 SB1,热继电器 FR,3 个交流接触器 KM1、KM2、KM3。这样总的输入点为 3 个,输出点为 3 个。I/O 地址分配见表 2.8.1,原理接线图如图 2.8.2 所示。

表 2.8.1　I/O 地址分配

输　入　信　号		输　出　信　号	
X000	过载保护 FR	Y000	交流接触器 KM1
X001	启动按钮 SB2	Y001	交流接触器 KM3
X002	停止按钮 SB1	Y002	交流接触器 KM2

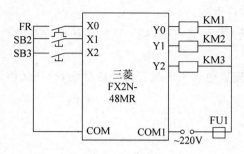

图 2.8.2 原理接线图

三、设计梯形图

电动机星三角降压启动的程序设计：按下 SB2，KM1 和 KM3 的线圈得电，即 Y001 和 Y000 线圈得电，电动机星形接法启动，延时 5s（采用定时器 T0），KM2 线圈得电，KM2 线圈断电，电动机采用三角形接法运行。程序设计如图 2.8.3 所示。

图 2.8.3 梯形图

 巩固训练

（1）根据 PLC 原理接线图进行安装、接线。

（2）检查无误后打开电源开关，将程序输入计算机。

（3）将程序传到 PLC 主机。

（4）将 PLC 主机开关打到运行挡,按一下启动按钮观察电动机的运行情况和三个交流接触器的运行情况。

（5）若采用计数器完成电动机的星三角降压启动,程序又该如何设计?

 任务测评

评价内容	评价标准	分值	学生自评	教师评分
外部接线	按照电气原理图接线	10		
接线工艺	符合工艺布线标准	10		
I/O 地址分配	I/O 地址分配正确合理	10		
原理接线图	符合电气原理图的画法,每错一处扣 1 分,错误超过 5 处为 0 分	10		
程序设计	能完成控制要求20分,具有创新意识10分	30		
程序调试与运行	程序输入正确 5 分,符合控制要求 10 分,能排除故障 5 分	20		
安全操作规范	能够规范操作 5 分,物品设备摆放整齐 5 分	10		
合　　计				

 **知识拓展**

MC/MCR 指令

（1）MC 指令称为"主控指令"。其功能是通过 MC 指令的操作元件 Y 或 M 的常开触点将左母线临时移到一个所需的位置,产生一个临时左母线,形成一个主控电路块。

（2）MCR 指令称为"主控复位指令"。其功能是取消临时左母线,即将左母线返回到原来位置,结束主控电路块。MCR 指令是主控电路块的终点。

MC 指令操作元件由两部分组成,一部分是主控指令使用次数（N0～N7）,也称主控嵌套层数,一定要从小到大按顺序使用;另一部分是具体操作元件,可以是输出继电器 Y 或辅助继电器 M,但不能是特殊继电器。

MCR 指令的操作元件只有主控指令使用次数 N0～N7,但一定要与 MC 指令中嵌套层数一致。如果是多级嵌套,则主控返回时,一定要从大到小按顺序返回。

MC/MCR 指令的使用如图 2.8.4 所示。采用主控指令对图 2.8.4(a)进行分析,所示梯形图进行编程时可以将梯形图改画成图 2.8.4(b)所示形式。

在图 2.8.4(b)所示梯形图中,当常开触点 X0 闭合时,嵌层数为 N0 的主控指令执行,辅助继电器 M0 线圈被驱动接通,辅助继电器 M0 常开触点闭合,此时常开触点 M0 称为主控触点,规定主控触点只能画再垂直方向,使其有别于规定画在水平方向的普通触点。当主控触点 M0 闭合后,左母线由 A 的位置,临时移到 B 的位置,接入主控电路块。对主控电路块就可以用前面介绍过的基本指令写出指令语句表。当 PLC 逐行对主控电路块

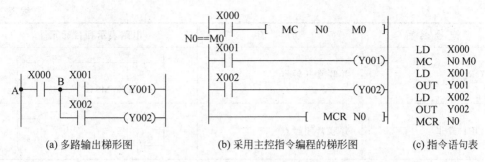

(a) 多路输出梯形图　　　　(b) 采用主控指令编程的梯形图　　　(c) 指令语句表

图 2.8.4　MC 和 MCR 指令的应用

所有逻辑行进行扫描,执行到 MCR N0 指令时,嵌套层数为 N0 的主控指令结束,临时左母线由 B 点返回到 A 点。如果 X0 常开触点是断开的,则主控电路块这一段程序不执行。

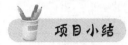

项目小结

FX2N PLC 各基本指令的符号、功能见表 2-1。

表 2-1　FX2N PLC 各基本指令的符号、功能

符 号 名 称	功 能	电路表示和目标元件
[LD]取	运算开始常开触点	XYMSTC
[LDI]取反	运算开始常闭触点	XYMSTC
[LDP]取上升沿脉冲	运算开始上升沿触点	XYMSTC
[LDF]取下降沿脉冲	运算开始下降沿触点	XYMSTC
[AND]与	串联常开触点	XYMSTC
[ANI]与非	串联常闭触点	XYMSTC
[ANDP]与脉冲	串联上升沿触点	XYMSTC
[ANDF]与脉冲(F)	串联下降沿触点	XYMSTC

续表

符 号 名 称	功　　能	电路表示和目标元件
[OR]或	并联常开触点	XYMSTC
[ORI]或非	并联常闭触点	XYMSTC
[ORP]或脉冲	并联上升沿触点	XYMSTC
[ORF]或脉冲(F)	并联下降沿触点	XYMSTC
[ANB]逻辑块与	块串联	
[ORB]逻辑块或	块并联	
[OUT]输出	线圈驱动指令	YMSTC
[SET]置位	保持指令	SET YMS
[RST]复位	复位指令	RST YMSTCD
[PLS]脉冲	上升沿检测指令	PLS YM
[PLF]脉冲(F)	下降沿检测指令	PLF YM
[MC]主控	主控开始指令	MC N YM
[MCR]主控复位	主控复位指令	MCR N

续表

符号名称	功能	电路表示和目标元件
[MPS]进栈	进栈指令（PUSH）	
[MRD]读栈	读栈指令	
[MPP]出栈	出栈指令（POP读栈且复位）	
[INV]反向	运算结果的反向	
[NOP]无	空操作	程序清除或空格用
[END]结束	程序结束	程序结束，返回0步

达标检测

1. 请设计一个两地控制电动机的程序，控制要求：按下地点一的启动按钮 SB1 或者地点二的启动按钮 SB2 均可以启动电动机；按下地点一的停止按钮 SB3 或者地点二的停止按钮 SB4 均可以停止电动机运行。要求完成主电路和控制电路的设计，画出梯形图。

2. 请完成三盏灯闪烁电路的设计，控制要求：有红、黄、绿三盏灯，按一下点动按钮 SB1 红灯亮，延时 2s 后黄灯亮红灯灭，延时 2s 后绿灯亮黄灯灭，又延时 2s 后红灯亮绿灯灭，依次循环 5 次后自动停止，在循环的过程中按下急停按钮，此时无论哪一盏灯亮着均可以熄灭，松开急停按钮，继续循环点亮。完成梯形图的设计。

3. 请用两种方法完成定时 24h 的程序设计

4. 请运用 PLC 内部定时器设计六盏彩灯 HL1、HL2、HL3、HL4、HL5、HL6 的闪烁控制，控制要求：按下 SB 后彩灯 HL1、HL3、HL5 亮，彩灯 HL2、HL4、HL6 灭；2s 后彩灯 HL1、HL3、HL5 闪烁 3 次（亮 1s 灭 1s）熄灭。同样 2s 后彩灯 HL2、HL4、HL6 闪烁 3 次（亮 1s 灭 1s）熄灭，然后再 HL1、HL3、HL5 亮，依次循环下去。再次按下 SB 后所有彩灯均熄灭。完成电路的设计、I/O 地址分配表的设计以及梯形图的设计。

5. 请完成一个抢答器的设计，控制要求：三组人员参加知识竞赛，每组参赛选手抢先按一下身边的点动按钮，该组的蜂鸣器响亮 10s，其他小组按下各自的点动按钮均无效，评委按一下复位按钮后方可进行抢答。请完成梯形图的设计。

6. 有红、黄、绿三盏灯和一点动按钮 SB，按一下 SB，红灯亮；第二次按一下 SB，绿灯亮；第三次按一下 SB，黄灯亮；第四次按一下 SB，三盏灯全部熄灭；第五次按一下 SB，红灯又亮了，依次循环。请完成梯形图的设计。

7. 有一条生产线，用光电感应开关 X1 检测传送带上通过的产品，有产品通过时 X1 为 ON，如果在连续的 20s 内没有产品通过，则灯光报警的同时发出声音报警信号，用 X0

输入端的开关解除报警信号,请画出其梯形图,并写出其指令表程序。

8. 有两台三相异步电动机 M1 和 M2,要求:

(1) M1 启动后,M2 才能启动。

(2) M1 停止后,M2 延时 30s 后才能停止。

(3) M2 能点动调整。

试做出 PLC 输入输出分配接线图,并编写梯形图控制程序。

项目 **3**

步进指令的应用

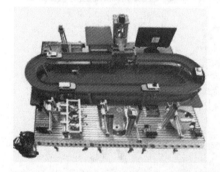

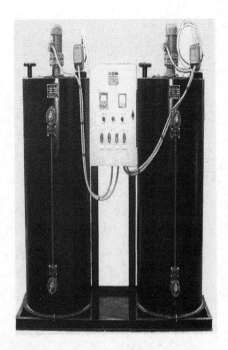

刘工,我把PLC的基本指令都学习完了，收获可真不少。可是我发现，如果编一些多台电动机顺序工作的程序，用基本指令很烦琐啊，有没有其他的方法？

步进指令？听起来挺有意思，我得好好学学。

看来你对PLC的学习已经感兴趣了，有很多就像你说的多台电动机的控制等顺序控制，用基本指令去编写很麻烦，甚至有的程序编不出来，这就需要用到步进指令了。

项目描述

　　运用步进指令进行编程是 PLC 顺序控制常用的一种编程方式,它具有方法简单、规律性强、易于掌握、调试和修改程序方便等优点。三菱 PLC 的步进指令有 2 条：STL 和 RET,在进行梯形图的设计之前先学会画状态流程图。接下来将通过不同的应用实例来介绍步进指令的使用。

知识目标

- 能够说出状态转移图的基本组成,学会绘制状态转移图。
- 掌握 SFC 图的编程方法。
- 会使用步进指令进行梯形图的设计。
- 能够利用步进指令实现顺序控制的基本编程。

 技能目标

- 能够运用步进指令完成任务的程序设计、接线、运行和调试。
- 培养学生的编程能力。

 职业素养

- 培养学生的动手操作能力和解决问题的能力。
- 培养学生安全规范操作的习惯。

任务1 学习步进控制的相关概念

 相关知识与技能点

- 掌握状态转移图的基本组成。
- 能进行状态转移图单流程结构的绘制。
- 熟悉步进指令 STL 和 RET 的功能。
- 了解 PLC 顺序控制的几种编程方法。

 工作任务

经过前面的项目训练,可以用基本指令编制出许多 PLC 程序,同时也发现用基本指令编程,前后相互牵连、相互制约,编程时要通盘考虑、前后兼顾,反复修改、多次调试,耗费时间和精力较大,对于复杂的控制过程更是如此。那么,能不能运用相关步进指令,简化设计程序? 本次任务就来学习步进控制的相关概念。

 知识平台

一、认识状态转移图 SFC

状态转移图也称功能图或流程图。在工业控制中,一个控制系统往往由若干个功能相对独立的工序组成,因此系统程序也由若干个程序段组成,称为状态。状态与状态之间由转换分隔,相邻的状态具有不同的动作。当相邻两状态之间的转换条件得到满足时,就实现转换,即上一个状态的动作结束而下一状态的动作开始。状态转移图可描述控制系统的控制过程,其具有直观、简单的特点,是设计 PLC 顺序控制程序的一种重要工具。

1. 状态转移图 SFC 基本组成

状态转移图 SFC 的基本结构如图 3.1.1 所示。

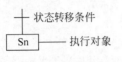

图 3.1.1　状态转移图 SFC 的基本结构

状态转移条件:一般是开关量,可由单独接点作为状态转移条件,也可由各种接点的组合作为转移条件。

执行对象:目标组件 Y、M、S、T、C 和 F(功能指令)均可由状态 S 的接点来驱动。可以是单一输出,也可以是组合输出。

Sn:状态寄存器。FX2N 系列 PLC 共有状态组件(也称状态寄存器)1000 点(S0~S999)。参见表 3.1.1,状态 S 是对工序步进控制简易编程的重要软元件,经常与步进梯形图指令 STL 结合使用。

表 3.1.1　FX2N 状态寄存器一览表

组件编址	点数	用途	说明
S0~S9	10	初始化状态寄存器	用于 SFC 的初始化状态
S10~S19	10	回零状态寄存器	ITS 命令时的原点回归用
S20~S499	480	通用状态寄存器	一般用
S500~S899	400	保持状态寄存器	停电保持用
S900~S999	100	报警状态寄存器	报警指示专用区

(1) 非停电保持领域。通过参数的设定可变更停电保持的领域。

(2) 停电保持领域。通过参数的设定可变更非停电保持的领域。

(3) 停电保持特性。不可通过参数的设定变更。

【例 3.1.1】　利用状态转移图实现小车甲乙两地间的运行。小车甲乙两地间运行 SFC 图如图 3.1.2 所示。

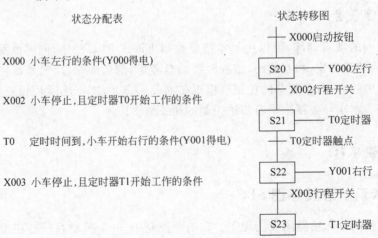

状态分配表

X000　小车左行的条件(Y000得电)

X002　小车停止,且定时器T0开始工作的条件

T0　　定时时间到,小车开始右行的条件(Y001得电)

X003　小车停止,且定时器T1开始工作的条件

状态转移图

图 3.1.2　小车甲乙两地间运行 SFC 图

状态转移分析如下。

（1）当转移条件 X0 成立时，进入状态 S20，Y0 得电，即小车左行。

（2）当转移条件 X2 成立时，清除状态 S20，进入状态 S21，即 Y0 失电，小车停止，同时定时器 T0 开始计时。

（3）当转移条件 T0 成立时，清除状态 S21，进入状态 S22，即定时器 T0 复位，Y1 得电，小车右行。

（4）当转移条件 X3 成立时，清除状态 S22，进入状态 S23，即 Y1 失电，小车停止，同时定时器 T1 开始计时。

2. 状态转移图 SFC 单流程结构

在步进顺序控制中，常见的两种结构是单流程结构 SFC 与多流程结构 SFC。只有一个转移条件并转向一个分支的即为单流程状态转移图。图 3.1.3(a)中通过定时器 T0、T1 控制整个步进过程的循环运行，图 3.1.3(b)为局部的循环控制。

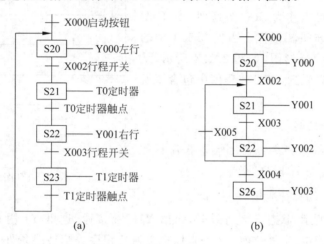

图 3.1.3　循环状态转移图

二、学习步进梯形图指令 STL、RET

步进指令 STL、RET 指令功能见表 3.1.2。

表 3.1.2　STL、RET 指令功能

助记符、名称	功　能	梯形图表示和可用软件	程序步
STL 步进梯形图	步进梯形图开始	Sn ┤STL├─┤├─（　）	1
RET 返回	步进梯形图结束	─┤├─┤ RET ├─	1

1. STL 指令功能

步进梯形图开始指令：利用内部软元件状态 S 的动合接点与左母线相连，表示步进控制的开始。

STL 指令与状态继电器 S 一起使用,控制步进控制过程中的每一步,S0～S9 用于初始步控制,S10～S19 用于自动返回原点控制。顺序功能图中的每一步对应一段程序,每一步与其他步是完全隔离的。每段程序一般包含负载的驱动处理、指定转换条件和指定转换目标三个功能。如图 3.1.4 所示梯形图,在状态寄存器 S22 为 ON 时,进入了一个新的程序段。Y1 为驱动处理程序,X3 为状态转移控制,在 X3 为 ON 时表示 S22 控制的过程执行结束,可以进入下一个过程控制,SET S23 为指定转换目标,进入 S23 指定的控制过程。

步进梯形图可以作为 SFC 图处理。SFC 图也可反过来形成步进梯形图。由例 3.1.1 中的流程图 3.1.2 转为梯形图,如图 3.1.4 所示,从梯形图程序中可以看到,SFC 流程图中包含了所有的信息。

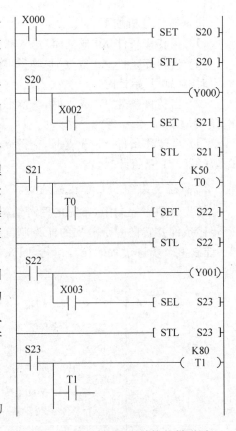

图 3.1.4 由 SFC 图转换的梯形图

2. RET 指令功能

步进梯形图结束指令:表示状态 S 流程的结束,用于返回主程序母线的指令。

3. 指令 SET 的特殊应用

如图 3.1.5 所示,状态 S20 有效时,输出 Y1、Y2 接通(这里 Y1 用 OUT 指令驱动,Y2 用 SET 指令置位,未复位前 Y2 一直保持接通),程序等待转换条件 X1 动作。当 X1 接通,状态就由 S20 转到 S21,这时 Y1 断开,Y3 接通,Y2 仍保持接通。

Y2 断开,必须使用 RST 指令。OUT 指令与 RST 指令在步进控制中的不同应用需要特别注意。

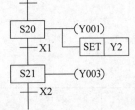

图 3.1.5 状态转移图

4. 状态编程规则

(1) 状态号不可重复使用。

(2) STL 指令后面只跟 LD/LDI 指令。

(3) 初始状态的编程。

初始状态一般是指一个顺序控制工艺过程的开始状态。对应状态转移图的起始位置就是初始状态。用 S0～S9 表示初始状态,有几个初始状态,就对应几个相互独立的状态过程。开始运行后,初始状态可由其他状态驱动。每个初始状态下面的分支数总和不能超过 16 个,对总状态数没有限制。从每个分支点上引出的分支不能超过 8 个。

(4) 在不同的状态之间,可编写同样的输出继电器(在普通的继电器梯形图中,由于双线圈处理动作复杂,因此建议不对双线圈编程),如图 3.1.6(a)所示。

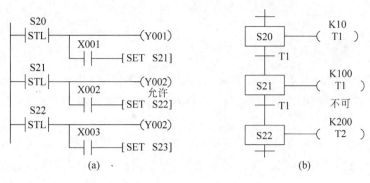

图 3.1.6 双线圈使用示意图

(5) 定时器线圈同输出线圈一样,可在不同状态间对同一软元件编程。但在相邻状态中则不能编程,如图 3.1.6(b)所示。如果在相邻状态下编程,则工序转移时,定时器线圈不断开,当前值不能复位。

(6) 在状态内的母线,一旦写入 LD 或 LDI 指令后,对不需触点的指令就不能编程,需按图 3.1.7 所示方法处理。

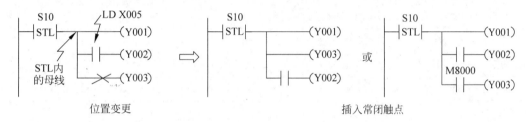

图 3.1.7 不需触点指令编程

(7) 在中断和子程序内,不能使用 STL 指令。

(8) 在 STL 指令内不能使用跳转指令。

(9) 连续转移用 SET 指令,非连续转移用 OUT 指令。

也就是说,所有跳转,无论是同一分支内的,还是不同分支间的跳转,都必须使用 OUT 指令,而不能使用 SET 指令;而一般的相邻状态间的连续转移则使用 SET 指令,这是跳转和连续转移的区别。例 3.1.1 中,程序由 S23 返回 S20 必须使用 SET S20,而不能使用 OUT S20。步进结束时用 RET 表示返回主程序。如图 3.1.8 所示为小车甲乙两地间运行完整梯形图。

(10) 在 STL 与 RET 指令之间不能使用 MC、MCR 指令。

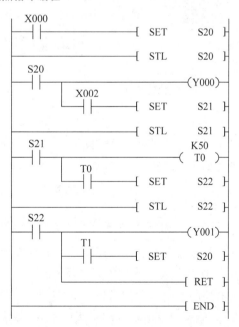

图 3.1.8 小车甲乙两地间运行梯形图

（1）某生产过程对电动机的控制要求：按下启动按钮，电动机正向启动运转，6s 后正转结束，再经过 1s 电动机反向启动运转。按下停止按钮电动机停止运转，试画出该程序的状态流程图。

（2）有红、黄、绿三盏灯，按下启动按钮红灯亮，延时 5s 后黄灯亮，红灯灭，延时 5s 后绿灯亮黄灯灭，依次循环下去。按下停止按钮，一个循环后停止，试画出对应控制的状态流程图。

评价内容	评分标准	分值	学生自评	教师评分
SFC 图的基本组成	能够准确区分 SFC 图的各个组成部分	10		
SFC 图的基本结构	能够区分 SFC 图的各种结构	20		
状态流程图的绘制	能够根据顺序程序要求绘制 SFC 图	50		
SFC 图与梯形图	能够进行 SFC 图与梯形图之间的相互转换	20		
合　计				

PLC 顺序控制的编程方法

一、一般分析方法

根据任务要求来进行设计，完成任务达到控制要求。例如，某 PLC 控制的回转工作台控制钻孔的过程：当回转工作台不转且钻头回转时，若传感器 I 检测到工件到位，钻头向下工作，当钻到一定深度钻头套筒压到下接近开关 I 时，计时器计时，快退到上接近开关就回到了原位。功能表图如图 3.1.9 所示。

二、使用起保停电路的编程方式

起保停电路仅仅使用与触点和线圈有关的指令，无须编程元件做中间环节，各种型号 PLC 的指令系统都有相关指令，加上该电路利用自保持，从而具有记忆功能，且与传统继电器控制电路基本相类似，因此得到了广泛的应用。这种编程方法通用性强，编程容易掌握，一般在原继电器控制系统的 PLC 改造过程中应用较多。图 3.1.10 所示为起保停电路编程方式编制的梯形图，图中只有常开触点、常闭触点及输出线圈组成。

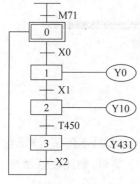

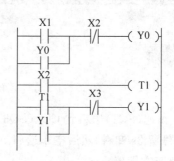

图 3.1.9　功能表图　　　　图 3.1.10　起保停电路编程方式编制的梯形图

三、使用步进指令的编程方式

步进指令是专门为顺序控制设计提供的指令,它的步只能用状态寄存器来表示,状态寄存器有断电保持功能,在编制顺序控制程序时,应与步进指令一起使用,而且状态寄存器必须用置位指令,这样才具有控制功能。在步进梯形图中不同的步进段允许有双重输出,即允许有重号的负载输出。在步进触点结束时要用 RET 指令,使后面的程序返回原母线。

任务2　运料小车三地往返运行的控制

 相关知识与技能点

- 熟悉运料小车三地往返运行控制的工作原理。
- 能利用步进指令实现运料小车三地往返运行控制程序的设计,并且进行程序的运行、调试。
- 了解 PLC 控制运料小车顺序控制在自动化中的应用。

 工作任务

在自动化生产线中经常需要小车三地之间自动往返,这是典型的顺序控制。通过设置定时器和计数器,可以实现控制要求,但是编程复杂。通过状态转移图法,利用步进指令,能更好地实现顺序控制,且编程简单、调试容易。如图 3.2.1 所示为运料小车三地往返控制示意图。

控制要求:系统设有启动、停止按钮各 1 个。模拟限位开关 SQ1、SQ2、SQ3 限位开关各 1 个。当按下启动按钮后,启动运料小车,小车在 A 地(SQ1)停留 5s 装料,由 A 地(SQ1)送料到 B 地(SQ2)停留 3s 卸料,然后空车返回 A 地(SQ1)停留 5s 进行装料。

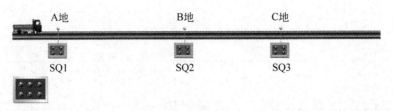

图 3.2.1   运料小车三地往返控制示意图

当小车由 A 地(SQ1)送料到 C 地(SQ3),途中经过 B 地(SQ2)不停留,继续前进,到达 C 地(SQ3)停留 3s 卸料,然后空车返回 A 地(SQ1)停留 5s 装料,如此往返循环。当按下停止按钮,小车立即停止。

 **实践操作**

一、分析控制要求

小车三地往返运行,由电动机的正反转运动实现。正转交流接触器吸合时,电动机正转,小车左行;反转交流接触器吸合时电动机反转,小车右行。操作过程中,小车每到一个位置,都会停留数秒,待电动机停止后再启动运行,以保护电动机。小车的三地往返运行是典型的顺序控制,可以考虑采用步进指令来完成控制任务。通过触发三地的行程开关,来完成小车的停止及定时器的启动。

二、选择器材、列 I/O 地址分配表、画原理接线图(控制电路)

在控制电路中有 2 个控制按钮,为启动按钮和停止按钮;3 个限位开关,2 个交流接触器 KM1、KM2(用指示灯来表示),再加上装料和卸料(用指示灯来表示)。这样总的输入点为 5 个,输出点为 4 个。I/O 地址分配见表 3.2.1,原理接线图如图 3.2.2 所示。

表 3.2.1   I/O 地址分配

输　入	说　明	输　出	说　明
X000	启动	Y000	前进
X001	停止	Y001	后退
X002	SQ1	Y002	装料
X003	SQ2	Y003	卸料
X004	SQ3		

小车的运行用指示灯来表示。

三、画状态流程图、设计梯形图

本任务流程图如图 3.2.3 所示,梯形图如图 3.2.4 所示。

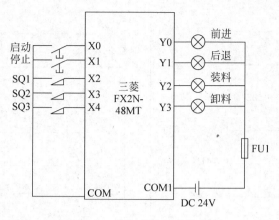

图 3.2.2 控制电路原理接线图

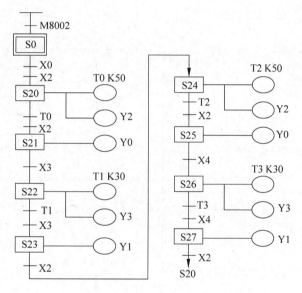

图 3.2.3 运料小车三地往返的流程图

巩固训练

（1）将梯形图转换成指令语句表。

（2）根据 PLC 原理接线图进行安装、接线。

（3）检查无误后打开电源开关，将程序输入计算机。

（4）将程序传到 PLC 主机。

（5）将 PLC 主机开关打到运行挡，按一下启动按钮，观察指示灯的变化（行程开关在这里可以用开关来控制）。

（6）试运用基本指令完成本任务的程序设计，比较一下哪种方法更为简单。

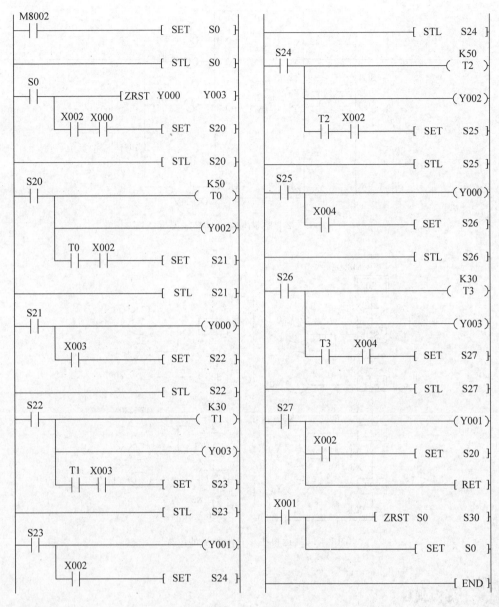

图 3.2.4 梯形图

任务测评

评价内容	评价标准	分值	学生自评	教师评分
外部接线	按照电气原理图接线	10		
接线工艺	符合工艺布线标准	10		
I/O 地址分配	I/O 地址分配正确合理	10		

续表

评价内容	评价标准	分值	学生自评	教师评分
原理接线图	符合电气原理图的画法,每错一处扣 1 分,错误超过 5 处为 0 分	10		
程序设计	能完成控制要求 20 分,具有创新意识 10 分	30		
程序调试与运行	程序输入正确 5 分,符合控制要求 10 分,能排除故障 5 分	20		
安全操作规范	能够规范操作 5 分,物品设备摆放整齐 5 分	10		
合　计				

 知识拓展

PLC 控制运料小车在自动化生产中的应用

在自动化生产线中运料小车的 PLC 控制应用很广泛,如图 3.2.5 所示为某生产车间运料小车的应用。

图 3.2.5　生产车间

任务 3 隧道通风系统的控制

相关知识与技能点

- 熟悉隧道通风系统控制的工作原理图。
- 掌握状态流程图的选择性流程结构和并行性流程结构。
- 利用步进指令实现隧道通风系统的设计,并且进行程序的运行、调试。

工作任务

　　随着我国交通建设的快速发展,公路隧道越建越多,越建越长,城市人口的日益增多也给城市的交通带来巨大的压力,为了缓解地面交通压力,地铁也在各个城市相继建成。其中很重要的一项工程就是隧道通风系统的建设。如图 3.3.1 所示为某道路的隧道通风,本次任务就来完成隧道通风系统的控制设计。

图 3.3.1　道路的隧道通风

实践操作

一、分析控制要求

　　事故运行隧道通风控制要求:当发生火灾情况时,排烟组织需根据列车的具体着火部位选定执行模式,进行通风控制。

　　一般而言,当列车车头着火时,采用与行车方向一致的方向组织排烟;当列车车尾着火时,采用与行车方向相反的方向组织排烟;当列车中部着火时,则根据列车与两边中间联络通道的距离确定送风风向;当火灾位置不清楚时,按与行车一致的方向送风。

二、选择器材、列 I/O 地址分配表、画原理接线图

本任务输入元件有 5 个(启动按钮、停止按钮、车头模式选择开关、车身模式选择开关、车尾模式选择开关),输出元件用指示灯来表示有 4 个(前站风机排风、前站风机送风、后站风机排风、后站风机送风)。根据分析列 I/O 地址分配见表 3.3.1,原理接线如图 3.3.2 所示。

表 3.3.1 I/O 地址分配

输入	说　　明	输出	说　　明
X000	启动	Y000	前站风机(排风)
X001	停止	Y001	前站风机(送风)
X002	车头模式	Y002	后站风机(排风)
X003	车身模式	Y003	后站风机(送风)
X004	车尾模式		

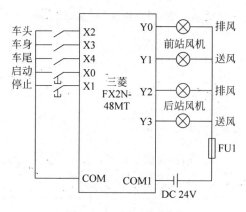

图 3.3.2 原理接线图

三、画状态流程图、设计梯形图

根据控制要求,可以把流程分成 4 种情况,依据条件的满足情况来选择不同的流程。状态流程图如图 3.3.3 所示,根据状态流程图,梯形图的设计如图 3.3.4 所示。

(1) 请大家把梯形图转换成指令语句表。

(2) 根据 PLC 原理接线图进行安装、接线。

(3) 检查无误后打开电源开关,将程序输入计算机。

(4) 将程序传到 PLC 主机。

(5) 将 PLC 主机开关打到运行挡,按一下启动按钮,手动操作车头、车身、车尾开关,观察指示灯的变化。

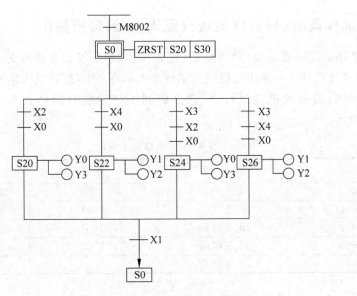

图 3.3.3 隧道通风系统状态流程图

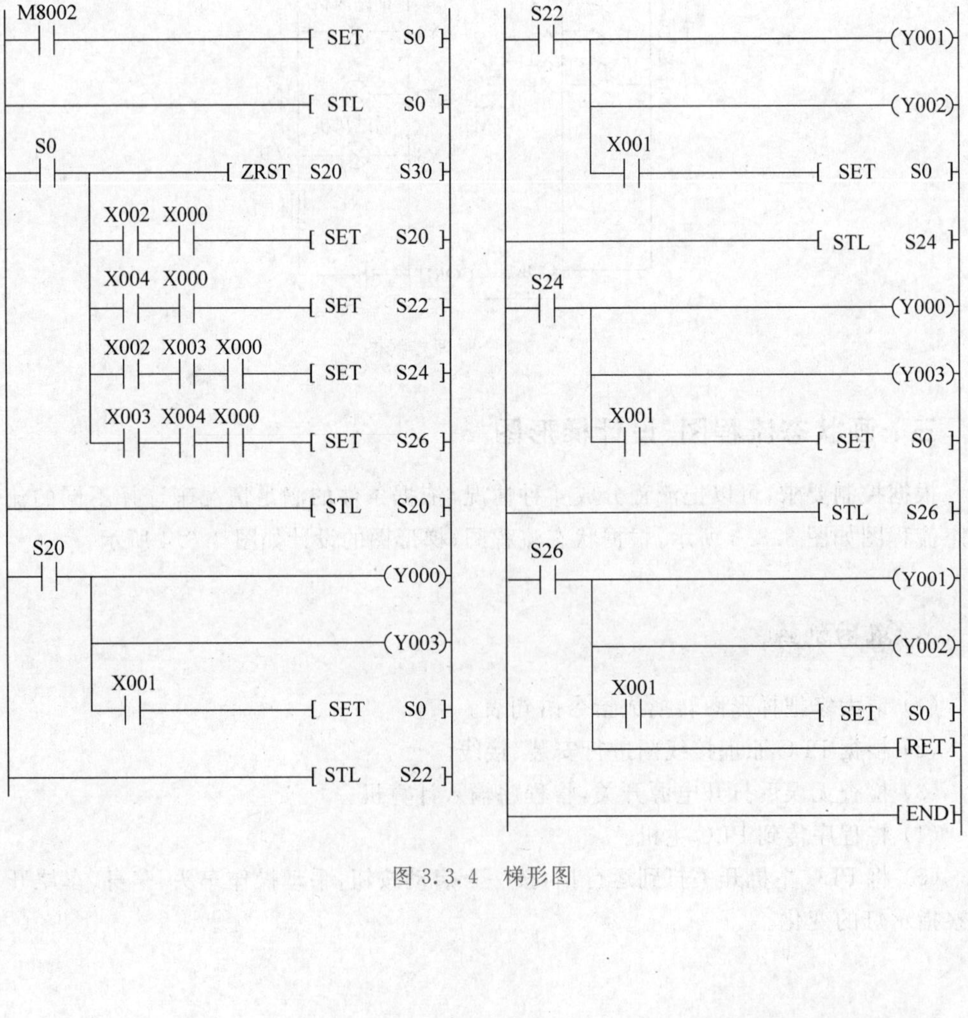

图 3.3.4 梯形图

评价内容	评价标准	分值	学生自评	教师评分
外部接线	按照电气原理图接线	10		
接线工艺	符合工艺布线标准	10		
I/O 地址分配	I/O 地址分配正确合理	10		
原理接线图	符合电气原理图的画法,每错一处扣1分,错误超过5处为0分	10		
程序设计	能完成控制要求20分,具有创新意识10分	30		
程序调试与运行	程序输入正确5分,符合控制要求10分,能排除故障5分	20		
安全操作规范	能够规范操作5分,物品设备摆放整齐5分	10		
合 计				

知识拓展

状态流程图的分类介绍

状态流程图可以分为三种:单流程的、选择性分支的、并行性分支的。

1. 单流程的状态流程图

前面已经做过介绍。

2. 选择性分支的状态流程图

从多个流程程序中,选择执行哪一个流程称为选择性分支,图 3.3.5 所示为选择性分支的状态流程图,梯形图如图 3.3.6 所示。

选择分支和汇合的编程原则:先集中处理分支状态,然后再集中处理汇合状态。分支选择条件 X1 和 X4 不能同时接通。程序运行到状态器 S21 时,根据 X1 和 X4 的状态决定执行哪一条分支。当状态器 S22 或 S24 接通时,S21 自动复位。状态器 S26 由 S23 或 S25 置位,同时前一状态器 S23 或 S25 自动复位。

3. 并行性分支的状态流程图

如图 3.3.7 所示为并行性分支的状态流程图,与其对应的梯形图如图 3.3.8 所示。

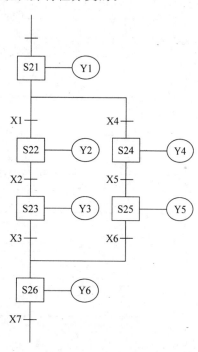

图 3.3.5 选择性分支的状态流程图

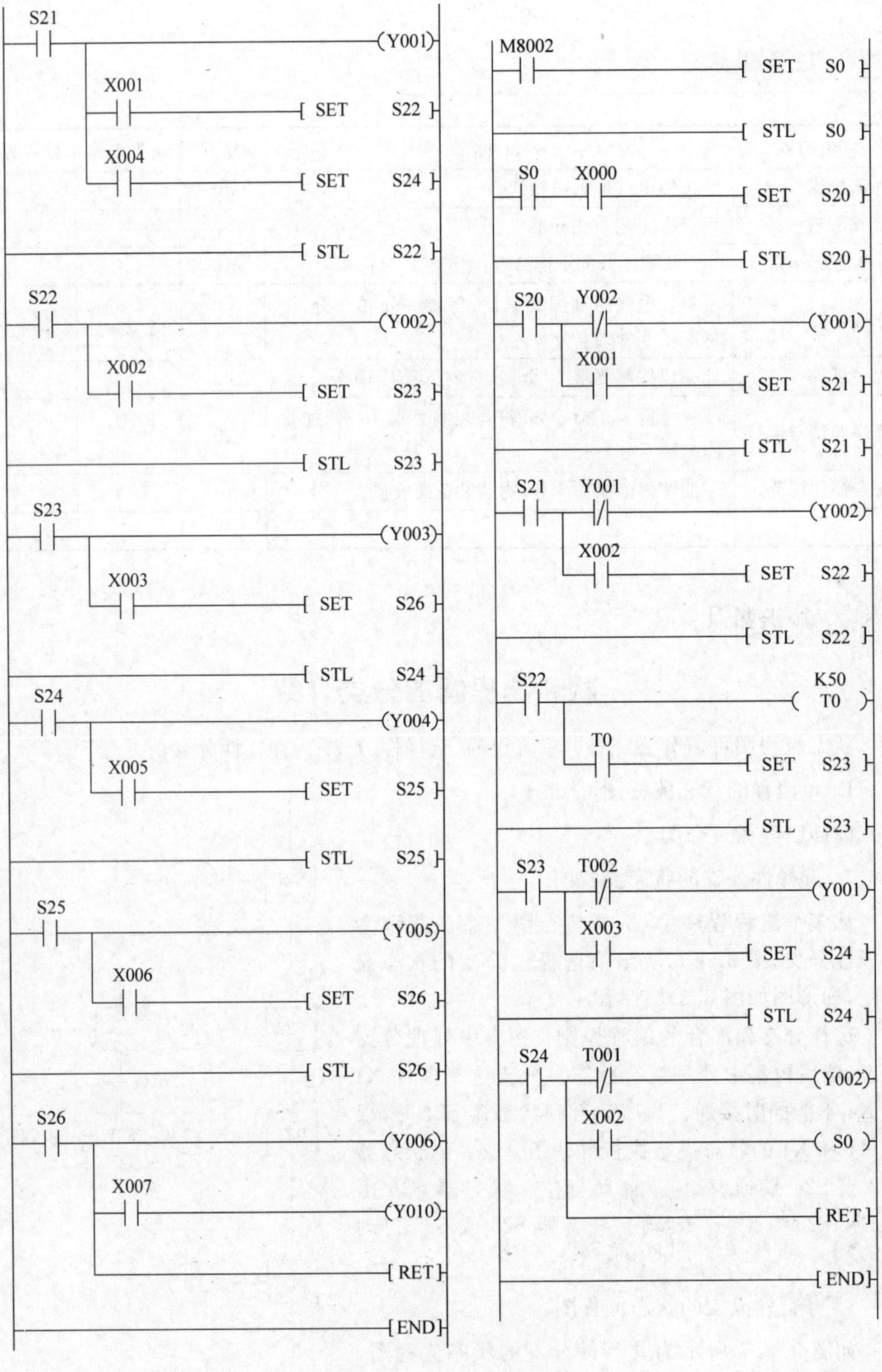

图 3.3.6 选择性分支梯形图

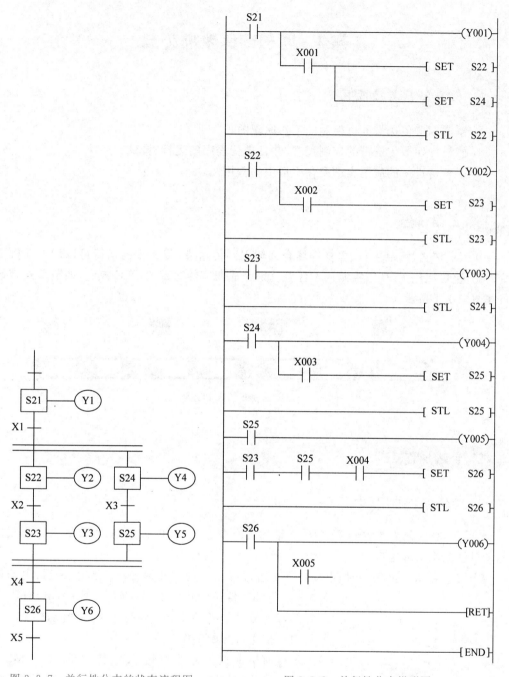

图 3.3.7 并行性分支的状态流程图   图 3.3.8 并行性分支梯形图

　　并行分支的编程原则是先集中进行并行分支处理,再集中进行汇合处理。当转换条件 X1 接通时,由状态器 S21 分两路同时进入状态器 S22 和 S24,以后系统的两个分支并行工作,图中水平双线强调的是并行工作,实际上与一般状态编程一样,先进行驱动处理,然后进行转换处理,从左到右依次进行。

任务 4　四节传送带的控制

 相关知识与技能点

- 掌握四节传送带运行控制的工作原理图。
- 能设计四节传送带的控制程序,并且进行程序的运行、调试。
- 了解传送带的应用实例及在生活中的应用。

 **工作任务**

在工业传送、商品运输、电梯等场合都会用到传送带,传送带的运行可以用电动机直接控制,也可以用 PLC 来控制。本任务就来完成四节传送带的 PLC 控制,四节传送带运行如图 3.4.1 所示。

图 3.4.1　四节传送带运行示意图

 **实践操作**

一、分析控制要求

设计一种控制系统,能够实现传送带的延时顺序启动、停止控制,本装置由直流减速电动机模拟驱动传送带。

当按下启动按钮 SB1 时,电动机 M4 运行,4♯传送带开始工作;延时 5s 后,电动机 M3 运行,3♯传送带开始工作;延时 10s 后,电动机 M2 运行,2♯传送带开始工作;延时 15s 后,电动机 M1 运行,1♯传送带开始工作。

任何情况按下停止按钮 SB2,传送带 M1→M2→M3→M4 依次顺序停止,相隔延时均为 8s,直至所有传送带均停止运行。

在电动机顺序停止的过程中,如果按下启动按钮 SB1,则停止过程立即中断,电动机按照启动循序规则进行延时启动,延时时间从启动按钮按下的时刻开始计时。四节传送带启动示意图如图 3.4.2 所示。

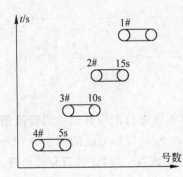

图 3.4.2　四节传送带启动示意图

二、选择器材、列 I/O 地址分配表、画原理接线图

本任务所需元件比较简单,输入元件为 2 个按钮(启动按钮、停止按钮),输出元件有 4 个直流接触器。I/O 地址分配见表 3.4.1,原理接线图(控制电路)如图 3.4.3 所示。

表 3.4.1 I/O 地址分配

输入	说　明	输出	说　明
X0	启动	Y0	KM1(电动机 M1)
X1	停止	Y1	KM2(电动机 M2)
		Y2	KM3(电动机 M3)
		Y3	KM4(电动机 M4)

三、画状态流程图、设计梯形图

根据电动机的工作过程,状态流程图、梯形图分别如图 3.4.4、图 3.4.5 所示。

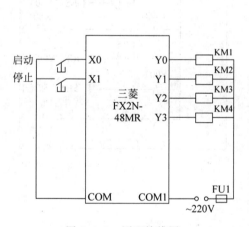

图 3.4.3 原理接线图

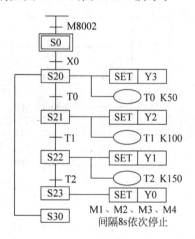

图 3.4.4 四节传送带控制运行的状态流程图

巩固训练

(1)断开电源,按照 PLC 原理接线图进行接线。

(2)启动运行后,按下停止按钮,观察指示灯变化情况。

(3)按下停止按钮后,再按启动按钮,观察指示灯变化情况。

(4)试用基本指令编写四节传送带控制运行的程序。

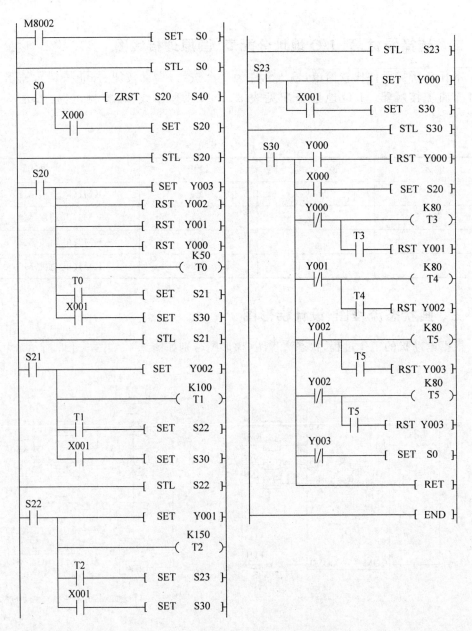

图 3.4.5　四节传送带控制运行的梯形图

评价内容	评价标准	分值	学生自评	教师评分
外部接线	按照电气原理图接线	10		
接线工艺	符合工艺布线标准	10		

续表

评价内容	评价标准	分值	学生自评	教师评分
I/O 地址分配	I/O 地址分配正确合理	10		
原理接线图	符合电气原理图的画法，每错一处扣 1 分，错误超过 5 处为 0 分	10		
程序设计	能完成控制要求 20 分，具有创新意识 10 分	30		
程序调试与运行	程序输入正确 5 分，符合控制要求 10 分，能排除故障 5 分	20		
安全操作规范	能够规范操作 5 分，物品设备摆放整齐 5 分	10		
合　计				

 知识拓展

生活中 PLC 控制传送带的应用实例有很多，如图 3.4.6～图 3.4.8 所示。

图 3.4.6 机场传送带

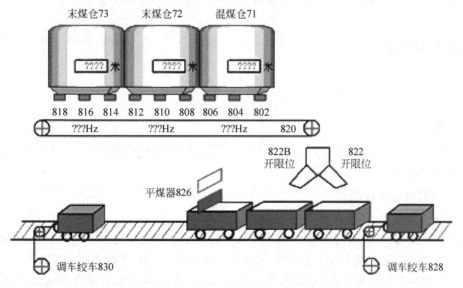

图 3.4.7 矿井选煤机的传送带运行图

图 3.4.8　输送混凝土的车载传送带

任务 5　物料自动混合的控制

 相关知识与技能点

- 掌握物料自动混合的控制流程及工作原理。
- 熟悉逻辑设计法的具体步骤。
- 能设计物料自动混合的控制程序，并且进行程序的运行、调试。

 工作任务

　　如图 3.5.1 所示为多种液体混合装置示意图，此装置有搅拌电动机 M 及混合罐，罐内设置上限为 L1，中位为 L2，下限为 L3 的液位传感器，电磁阀 F1、F2、F3 控制三种液体混合比例，F4 控制液体流出，还有控制温度的加热器 H 和温度传感器 T。

 实践操作

一、分析控制要求

1. 初始状态

　　容器是空的，电磁阀 F1、F2、F3 和 F4，搅拌电动机 M，液位传感器 L1、L2 和 L3，加热器 H 和温度传感器 T 均为 OFF。

2. 物料自动混合控制

　　按下启动按钮，开始下列操作。

　　(1) 电磁阀 F1 开启，开始注入物料 A，至高度 L2（此时 L2、L3 为 ON）时，关闭电磁阀 F1，同时开启电磁阀 F2，注入物料 B，当液面上升至 L1 时，关闭电磁阀 F2。

　　(2) 物料 B 停止注入后，启动搅拌电动机 M，使 A、B 两种物料混合 10s。

　　(3) 10s 后停止搅拌，开启电磁阀 F4，放出混合物料，当液面高度降至 L3 后，再经 5s

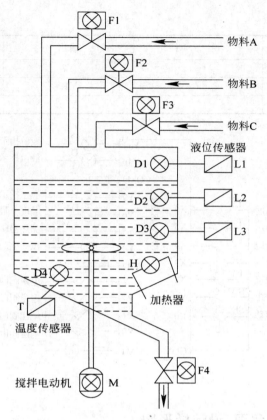

图 3.5.1 多种液体混合装置示意图

关闭电磁阀 F4。

3. 停止操作

按下停止按钮，在当前过程完成以后，再停止操作，回到初始状态。

二、选择器材、列 I/O 地址分配表、画原理接线图

本任务输入元件有 7 个（启动按钮、停止按钮、液位传感器 3 个、温度传感器 2 个），输出元件 10 个（3 个液位指示灯、1 个温度上限指示灯、2 个交流接触器、4 个电磁阀）。I/O 地址分配见表 3.5.1，原理接线图如图 3.5.2 所示。

表 3.5.1 液体混合控制的 I/O 地址分配

输入	说　明	输出	说　明
X0	启动	Y0	电磁阀 F1
X1	停止	Y1	电磁阀 F2
X2	L1 液位	Y2	电磁阀 F3
X3	L2 液位	Y3	电磁阀 F4
X4	L3 液位	Y4	搅拌电动机
X5	温度传感器	Y5	加热器 H
X6	温度传感器	Y6	温度上限指示

输入	说　明	输出	说　明
		Y7	D3 液位指示
		Y10	D2 液位指示
		Y11	D1 液位指示

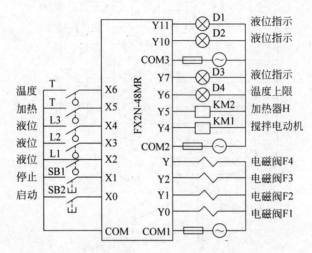

图 3.5.2　液体混合控制的原理接线图

三、画状态流程图、设计梯形图

物料自动混合过程,实际上是一个按一定顺序操作的控制过程,因此,可以用步进指令编程,其状态流程图如图 3.5.3 所示,梯形图如图 3.5.4 所示。

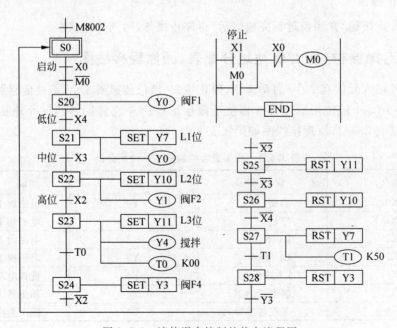

图 3.5.3　液体混合控制的状态流程图

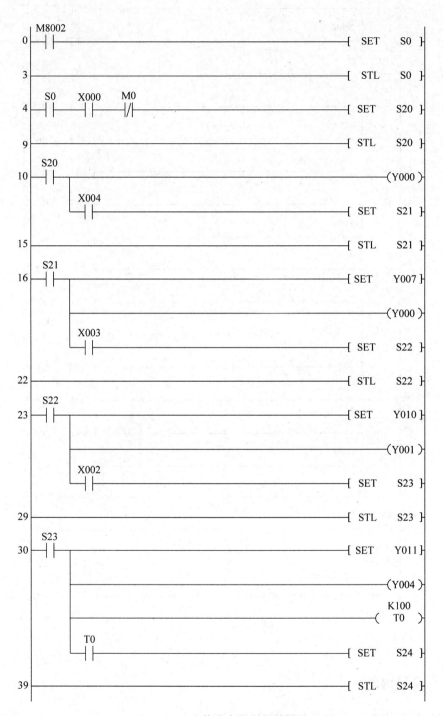

图 3.5.4 液体混合控制的梯形图

```
      S24
40  ─┤├───┬──────────────────────────────────[ SET   Y003 ]
            │   X002
            └──┤/├─────────────────────────────[ SET   S25 ]

45  ──────────────────────────────────────────[ STL   S25 ]

      S25
46  ─┤├───┬──────────────────────────────────[ RST   Y011 ]
            │   X003
            └──┤/├─────────────────────────────[ SET   S26 ]

51  ──────────────────────────────────────────[ STL   S26 ]

      S26
52  ─┤├───┬──────────────────────────────────[ RST   Y010 ]
            │   X004
            └──┤/├─────────────────────────────[ SET   S27 ]

57  ──────────────────────────────────────────[ STL   S27 ]

      S27
58  ─┤├───┬──────────────────────────────────[ RST   Y007 ]
            │                                        K50
            ├──────────────────────────────────(  T1  )
            │   T1
            └──┤/├─────────────────────────────[ SET   S28 ]

66  ──────────────────────────────────────────[ STL   S28 ]

      S28
67  ─┤├───┬──────────────────────────────────[ RST   Y003 ]
            │   Y003
            └──┤/├─────────────────────────────[ SET   S0 ]

72  ──────────────────────────────────────────[ RET ]

      X001  X000
73  ─┤├───┤/├─┬──────────────────────────────( M0 )
      M0       │
     ─┤├───────┘

77  ──────────────────────────────────────────[ END ]
```

图   3.5.4(续)

巩固训练

（1）断开电源，按照原理接线图进行接线。

（2）设计出梯形图，导入程序，运行调试，观察记录各指示灯的变化。

（3）利用网络等途径查阅液位传感器和温度传感器的工作原理及其应用。

（4）思考液体混合装置有哪些应用场合？都用什么装置实现自动控制？

 **任务测评**

评价内容	评价标准	分值	学生自评	教师评分
外部接线	按照电气原理图接线	10		
接线工艺	符合工艺布线标准	10		
I/O 地址分配	I/O 地址分配正确合理	10		
原理接线图	符合电气原理图的画法，每错一处扣 1 分，错误超过 5 处为 0 分	10		
程序设计	能完成控制要求 20 分，具有创新意识 10 分	30		
程序调试与运行	程序输入正确 5 分，符合控制要求 10 分，能排除故障 5 分	20		
安全操作规范	能够规范操作 5 分，物品设备摆放整齐 5 分	10		
合　计				

 **知识拓展**

逻辑设计法

逻辑设计法是以逻辑组合的方法和形式来设计 PLC 控制程序。由于 PLC 是一种工业控制计算机，而计算机以逻辑代数为基础，即"与""或""非"三种逻辑电路组合。特别是 PLC 程序的结构和形式，无论是语句表程序还是梯形图程序，都直接或间接地采用逻辑组合形式，其工作方式及规律也符合逻辑运算的基本规律。因此，用 0、1 两种取值的逻辑代数作为设计 PLC 应用程序的工作是非常有效的。

逻辑设计法特别适合开关量控制程序的设计，它是对控制任务进行逻辑分析和综合分析，将各编程元件的通断电视为以触点通断状态为逻辑变量的逻辑函数，对经过化简的逻辑函数，利用 PLC 逻辑指令可方便地设计出程序。

具体步骤如下。

（1）明确控制任务和控制要求，通过分析机械装置和工艺过程，绘制工作循环过程和检测元件分布图，获得电器执行元件功能表。

（2）绘制空盒子系统状态转换表。通常它由输出信号状态表、输入信号状态表、状态转换主令元件表和中间记忆装置状态表四部分组成。

（3）根据状态转换表进行系统的逻辑设计，包括列写中间记忆元件的逻辑函数式和执行元件（输出量）的逻辑函数式。

（4）将逻辑设计结果转化为 PLC 程序。

任务6　音乐喷泉的设计

相关知识与技能点

- 熟悉音乐喷泉的控制流程及工作原理。
- 掌握电磁阀在工业控制系统中的应用。
- 能设计音乐喷泉的控制程序,并且进行程序的运行、调试。

工作任务

在日常生活中,经常看到公园、旅游景点及娱乐场所,都会修建一些喷泉供人们观赏。喷泉的喷水方式多种多样,如花朵式、随音乐浮动跳跃式,还可以形成水幕电影等,如图3.6.1所示。本任务设计的喷泉为波浪式,即喷出的水花像湖面掀起的一阵阵波浪。

图3.6.1　广场音乐喷泉

实践操作

一、分析控制要求

系统设有启动、停止按钮各1个,当按下启动按钮SB1时,喷泉开始工作。共有15个喷头,分别为A组、B组、C组,每组5个喷头。

任何时刻只有一组在工作,即按A、B、C组的顺序,形成波浪在移动的景象。每组在运作时按一定的规律运行。如A组喷头,每隔3s开启一个喷头,到了第4个喷头同时关闭第1个,到了第5个喷头同时关闭第2个,再经过3s后B组开始工作同时关闭A组所有喷头,依次循环工作。当按下停止按钮,所有喷头停止工作。

二、选择器材、列 I/O 地址分配表、画原理接线图

本任务输入元件有 2 个(启动按钮、停止按钮),输出元件有 15 个电磁阀喷头(用指示灯来模拟)。I/O 地址分配见表 3.6.1,原理接线如图 3.6.2 所示

表 3.6.1　音乐喷泉的 I/O 地址分配

输入	说　明	输出	说　明
X0	启动	Y0	1♯喷头
X1	停止	Y1	2♯喷头
		Y2	3♯喷头
		Y3	4♯喷头
		Y4	5♯喷头
		Y5	6♯喷头
		Y6	7♯喷头
		Y7	8♯喷头
		Y10	9♯喷头
		Y11	10♯喷头
		Y12	11♯喷头
		Y13	12♯喷头
		Y14	13♯喷头
		Y15	14♯喷头
		Y16	15♯喷头

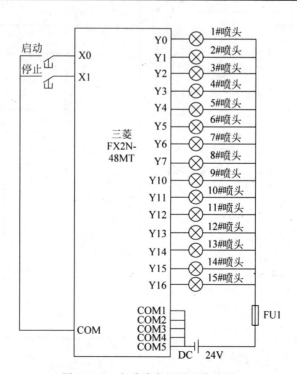

图 3.6.2　音乐喷泉的原理接线图

三、设计梯形图

考虑到电磁阀的动作属于顺序控制,所以可以用步进指令来完成程序设计,梯形图如图 3.6.3 所示。

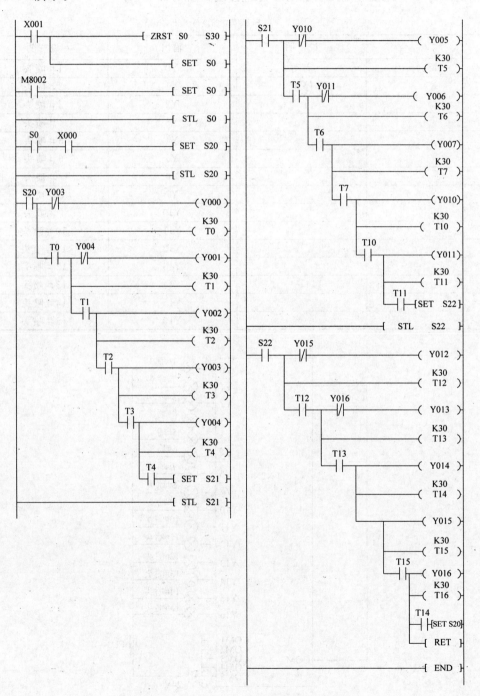

图 3.6.3 梯形图

巩固训练

(1) 根据梯形图画出状态流程图。

(2) 断开电源,按原理接线图接线。

(3) 将程序传到 PLC 主机,进行调试。

(4) 按下启动按钮,观察指示灯变化情况,按下停止按钮,观察指示灯变化情况。

(5) 若采用基本指令完成音乐喷泉控制程序的设计,梯形图该如何设计?

任务测评

评价内容	评价标准	分值	学生自评	教师评分
外部接线	按照电气原理图接线	10		
接线工艺	符合工艺布线标准	10		
I/O 地址分配	I/O 地址分配正确合理	10		
原理接线图	符合电气原理图的画法,每错一处扣 1 分,错误超过 5 处为 0 分	10		
程序设计	能完成控制要求 20 分,具有创新意识 10 分	30		
程序调试与运行	程序输入正确 5 分,符合控制要求 10 分,能排除故障 5 分	20		
安全操作规范	能够规范操作 5 分,物品设备摆放整齐 5 分	10		
合　计				

知识拓展

认识电磁阀

电磁阀(Electromagnetic Valve)是用电磁控制的工业设备,是用来控制流体的自动化基础元件,属于执行器件,用在工业控制系统中调整介质的方向、流量、速度和其他的参数。电磁阀可以配合不同的电路来实现预期的控制,控制的精度和灵活性都能够保证。电磁阀有很多种,在控制系统的不同位置发挥作用,最常用的是单向阀、安全阀、方向控制阀、速度调节阀等。

电磁阀从原理上分为三大类。

1. 直动式电磁阀

通电时,电磁线圈产生电磁力把关闭件从阀座上提起,阀门打开;断电时,电磁力消失,弹簧把关闭件压在阀座上,阀门关闭,如图 3.6.4 所示。

图 3.6.4　直动式电磁阀

2. 分步直动式电磁阀

利用直动和先导式相结合的原理,当入口与出口没有压差时,通电后,电磁力直接把先导小阀和主阀关闭件依次向上提起,阀门打开。当入口与出口达到启动压差时,通电后,电磁力先导小阀,主阀下腔压力上升,上腔压力下降,利用压差把主阀向上推开;断电时,先导阀利用弹簧力或介质压力推动关闭件,向下移动,使阀门关闭,如图 3.6.5 所示。

3. 先导式电磁阀

通电时,电磁力把先导孔打开,上腔室压力迅速下降,在关闭件周围形成上低下高的压差,流体压力推动关闭件向上移动,阀门打开;断电时,弹簧力把先导孔关闭,通过旁通孔迅速在腔室关阀件周围形成下低上高的压差,流体压力推动关闭件向下移动,关闭阀门,如图 3.6.6 所示。

图 3.6.5　分步直动式电磁阀　　　　　图 3.6.6　先导式电磁阀

任务 7　机械手控制

相关知识与技能点

- 熟悉机械手的动作过程及工作原理。
- 了解各种机械手的应用场合。
- 能设计机械手的控制程序,并且进行程序的运行、调试。

工作任务

当今社会,科技日新月异,机械手臂的应用越来越广泛,机械手是近几十年发展起来的一种高科技自动生产设备。机械手臂与人手臂最大区别在于灵活度与耐力度,其中机械手的最大优势是可以重复多次地做同一动作。简易机械手的气动执行部分由气动手爪、机械手臂、机械悬臂和摆动气缸四部分组成,如图 3.7.1 所示。

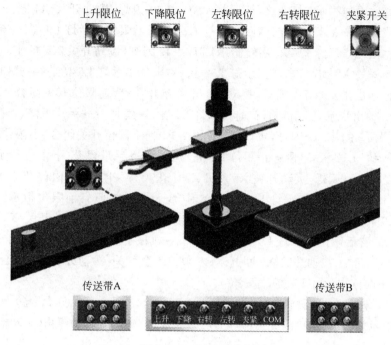

图 3.7.1 机械手实例

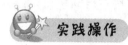实践操作

一、分析控制要求

机械手的控制要求如下。

1. 原位

表示设备处于初始状态,手爪在上限位置,手臂在后限位置,机械手在左限位置。

2. 工作过程

启动→复位→缩回(L9)、提升(L11)、左转(L13)指示灯 1s 闪烁→臂后限位开关闭合(拨动开关 X3 闭合,缩回指示灯 L9 灭,臂后限位指示灯 L0 亮)、上升限位开关闭合(拨动开关 X4 闭合,提升指示灯 L11 灭,上限位指示灯 L2 亮)、左限位闭合开关(拨动开关 X8 闭合,左转指示灯 L13 灭,左限位指示灯 L5 亮)→检测 1 检测到物料(拨动开关 X10 闭合,检测 1 指示灯 L7 亮)→延时 2s→手臂伸出(臂后限位指示灯灭,伸出指示灯 L10 闪烁,拨动 X3 开关断开)→臂前限位开关闭合(臂前限位开关 X4 闭合,伸出指示灯 L10 灭,臂前指示灯 L1 亮)→延时 1s→手爪下降(上限位指示灯 L2 灭,下降指示灯 L12 1s 闪烁,拨动 X5 开关断开)→下限位开关闭合(下限位开关 X6 闭合,下降指示灯 L12 灭,下限位指示灯 L4 亮)→延时 2s→手爪提升(下限位指示灯 L3 灭,提升指示灯 L11 1s 闪烁,拨动开关 X6 断开)→上限位开关闭合(上限位开关 X5 闭合,提升指示 L11 灭,上限位指示灯 L2 亮)→延时 2s→手臂缩回(臂前限位指示灯 L11 灭,上限位指示灯 L2 亮)→延时 2s→

手臂缩回(臂前限位指示灯 L1 灭,缩回指示灯 L9 1s 闪烁,拨动开关 X4 断开)→臂后限位开关闭合(拨动开关 X3 闭合,缩回指示灯 L9 灭,臂后限位指示灯 L0 亮)→延时 2s→机械手右转(左限位指示灯 L5 灭,右转指示灯 L14 1s 闪烁,拨动开关 X8 断开)→右限位开关闭合(拨动开关 X9 闭合,右转指示灯 L14 灭,右限位指示灯 L6 亮)→手臂伸出(臂后限位指示灯灭,伸出指示灯 L1 闪烁,拨动 X3 开关断开)→臂前限位开关闭合(臂前限位开关 X4 闭合。伸出指示灯 L10 灭,臂前指示灯 L1 亮)→延时 2s→手爪下降(上限位指示灯 L2 灭,下降指示灯 L12 1s 闪烁,拨动 X5 开关断开)→下限位开关闭合(下限位开关 X6 闭合。下降指示灯 L12 灭,下限位指示灯 L3 亮)延时 2s→手爪提升(下限位指示灯 L3 灭,提升指示灯 L11 1s 闪烁,拨动开关 X6 断开)→上限位开关闭合(上限位开关 X5 闭合,提升指示灯 L11 灭,上限位指示灯 L2 亮)→延时 2s→手臂缩回(臂前限位指示灯 L1 灭,缩回指示灯 L9 1s 闪烁,拨动开关 X4 断开)→臂后限位开关闭合(拨动开关 X3 闭合,缩回指示灯 L9 灭,臂后限位指示灯 L0 亮)→延时 2s→机械手左转(右限位指示灯 L6 灭,左转指示灯 L13 1s 闪烁,拨动开关 X9 断开)→左限位闭合开关(拨动开关 X8 闭合,左转指示灯 L13 灭,左限位指示灯 L5 亮,即原位)。

(分支 1)→检测 2 检测到物料(拨动开关 X11 闭合,检测 2 指示灯 L8 亮)→延时 2s→M 转动(转动指示灯 L15 亮,检测 2 指示灯 L8 灭)→延时 10s→M 转动停止(转动指示灯灭)。

3. 复位

当机械手在原位时复位不起作用,当按下复位按钮复位后,只有按下启动按钮,重新启动后机械手才能运行工作。

4. 物料检测

当检测到物料时,只有机械手在原位时才能动作,否则机械手不能动作。

机械手的控制流程如图 3.7.2 所示。

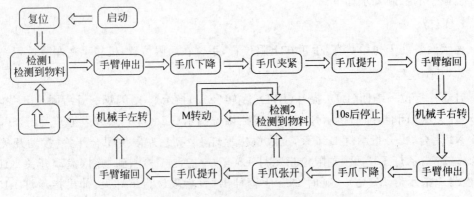

图 3.7.2　机械手的控制流程

二、选择器材、列 I/O 地址分配表、画原理接线图

本控制有 3 个按钮(启动、停止、复位),7 个限位开关(臂后、臂前、上限位、下限位、夹紧、左限位、右限位),2 个检测指示开关,4 个电磁阀(除了气手爪为单线圈控制,其他都为双线圈控制),除此之外,还有 9 个运行指示灯(检测 1 指示、检测 2 指示、缩回指示、伸出

指示、提升指示、下降指示、左转指示、右转指示、M 转动指示）。根据分析列出 I/O 地址分配见表 3.7.1，画出原理接线图如图 3.7.3 所示。

表 3.7.1 I/O 地址分配

输　入	说　　明	输　出	说　　明
X000	复位按钮	Y000	臂后限位 L0
X001	启动按钮	Y001	臂前限位 L1
X002	停止按钮	Y002	上限位 L2
X003	臂后限位开关	Y003	下限位 L3
X004	臂前限位开关	Y004	夹紧指示 L4
X005	上限位开关	Y005	左限位 L5
X006	下限位开关	Y006	右限位 L6
X007	夹紧指示开关	Y007	检测 1 指示 L7
X010	左限位开关	Y010	检测 2 指示 L8
X011	右限位开关	Y011	缩回指示 L9
X012	检测 1 指示开关	Y012	伸出指示 L10
X013	检测 2 指示开关	Y013	提升指示 L11
		Y014	下降指示 L12
		Y015	左转指示 L13
		Y016	右转指示 L14
		Y017	M 转动指示 L15

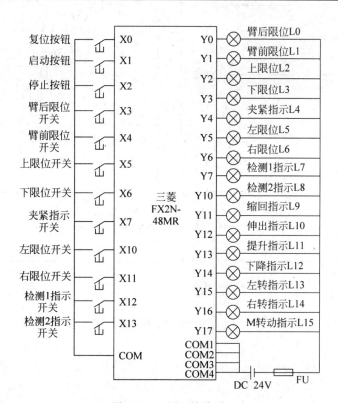

图 3.7.3 原理接线图

三、设计梯形图

按照机械手的控制过程设计梯形图如图 3.7.4 所示。

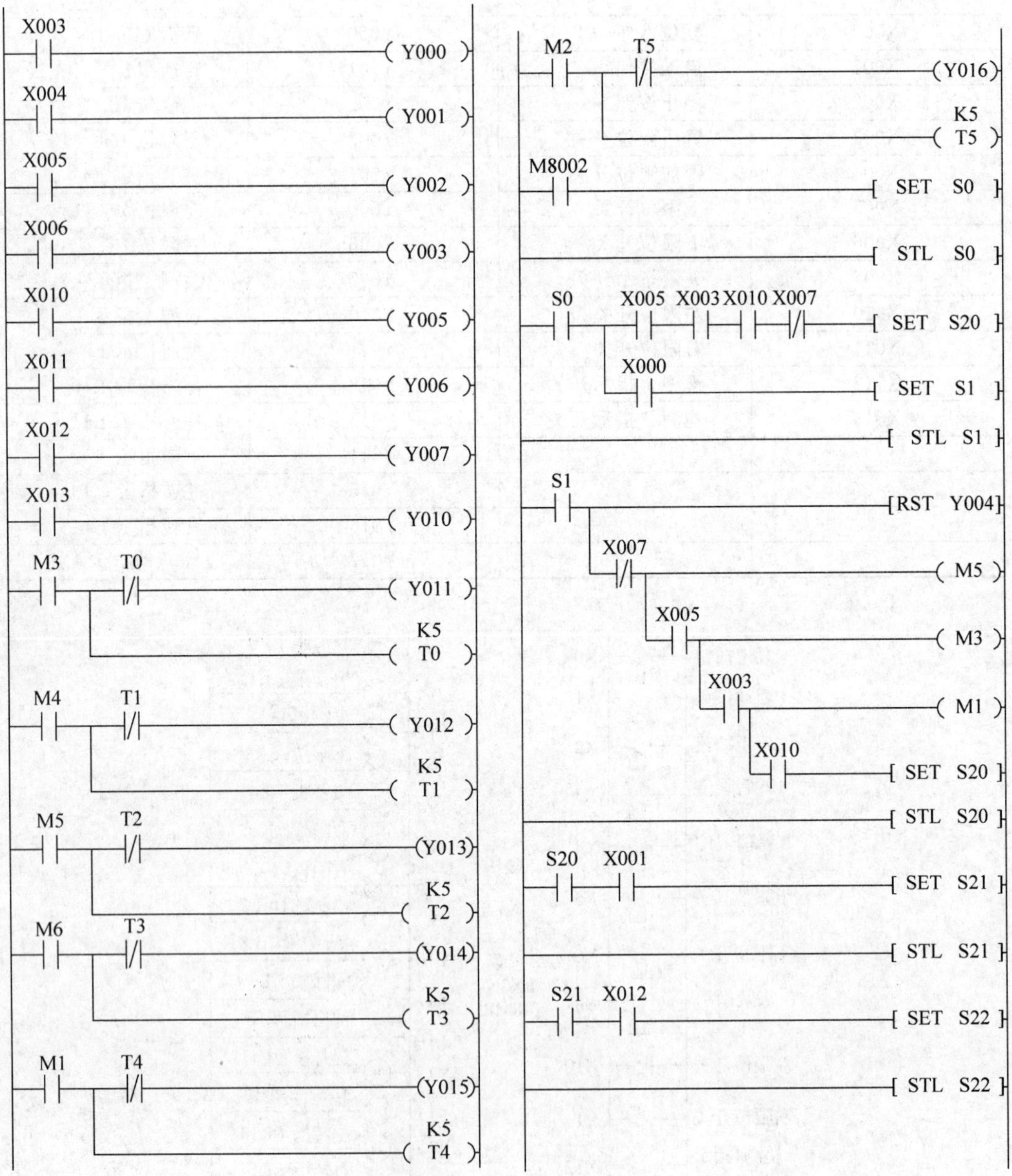

图 3.7.4 机械手控制梯形图

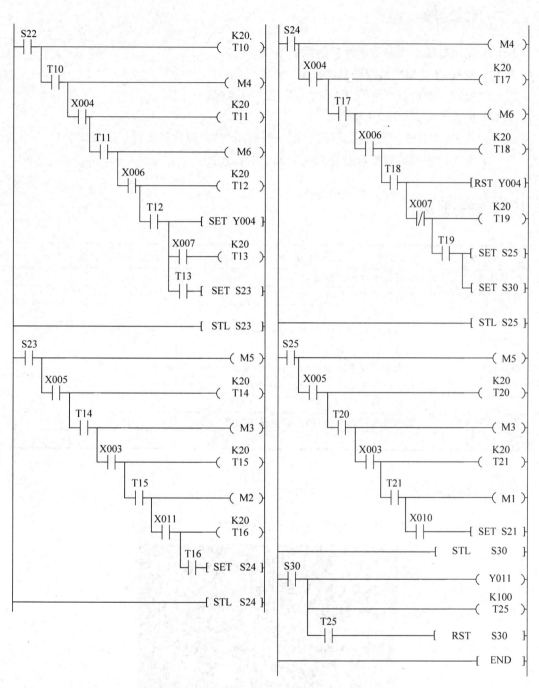

图 3.7.4(续)

巩固训练

（1）完成机械手控制的顺序功能图的绘制。

（2）根据 PLC 原理接线图进行安装、接线。

（3）检查无误后打开电源开关，将程序输入计算机。

（4）将程序传到 PLC 主机。

（5）将 PLC 主机开关打到运行挡，按一下启动按钮，观察各运行指示灯的变化。

（6）可否运用置位和复位指令来完成程序的设计？

任务测评

评价内容	评价标准	分值	学生自评	教师评分
外部接线	按照电气原理图接线	10		
接线工艺	符合工艺布线标准	10		
I/O 地址分配	I/O 地址分配正确合理	10		
原理接线图	符合电气原理图的画法，每错一处扣 1 分，错误超过 5 处为 0 分	10		
程序设计	能完成控制要求 20 分，具有创新意识 10 分	30		
程序调试与运行	程序输入正确 5 分，符合控制要求 10 分，能排除故障 5 分	20		
安全操作规范	能够规范操作 5 分，物品设备摆放整齐 5 分	10		
合　计				

知识拓展

机械手在工厂企业中应用非常普遍，常见的机械手如图 3.7.5～图 3.7.7 所示。

图 3.7.5　工厂生产流水线的机械手

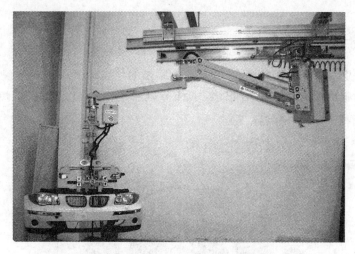

图 3.7.6 汽车部件搬运助力机械手

图 3.7.7 TYP750 注塑机械手

任务8 全自动洗衣机的控制

 相关知识与技能点

- 熟悉全自动洗衣机的工作过程及原理。
- 了解磁性接近开关的类型及功能。
- 设计全自动洗衣机的控制程序,并且进行程序的运行、调试。

 **工作任务**

随着人们生活水平的不断提高,洗衣机由原来的半自动洗衣机变为现在的全自动洗衣机。关于洗衣机的控制方法有很多,本任务就来完成全自动洗衣机控制的设计,如图 3.8.1 所示为全自动洗衣机。

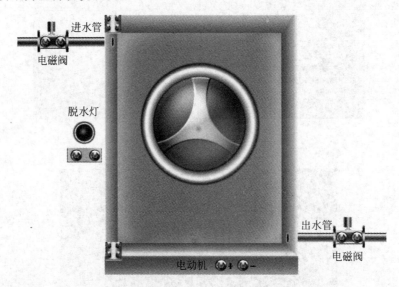

图 3.8.1　全自动洗衣机

 **实践操作**

一、分析控制要求

(1) 按启动按钮,进水电磁阀打开,进水指示灯亮。

(2) 按下上限按钮,进水指示灯灭,搅轮正反搅拌,两灯轮流亮灭。

(3) 等待几秒钟。排水灯亮后甩干桶灯亮后又灭。

(4) 按下下限按钮,排水灯灭,进水灯亮。

(5) 重复两次(1)~(4)的过程。

(6) 第三次按下限按钮时,蜂鸣器灯亮 5s 后灭,整个过程结束。

(7) 操作过程中,按下停止按钮可结束动作过程。

(8) 手动排水按钮由独立操作命令来控制,按下手动排水后,必须要按下限按钮。

全自动洗衣机的进水和排水由进水电磁阀和排水电磁阀控制。进水时,洗衣机将水注入外桶;排水时水从外桶排出。洗涤和脱水由同一台电动机拖动,通过脱水电磁阀离合器来控制,将动力传递到洗涤波轮或内桶。

脱水电磁阀离合器失电,电动机拖动洗涤波轮正、反转,开始洗涤;脱水电磁阀离合器得电,电动机拖动内桶单向高速旋转,进行脱水(此时波轮不转)。

二、选择器材、列 I/O 地址分配表、画原理接线图

本控制输入元件有 5 个按钮(启动按钮、停止按钮、上限按钮、下限按钮、手动排水按钮),为了调试方便,输出元件可以全部用指示灯来代替(进水指示灯、排水指示灯、正搅拌指示灯、反搅拌指示灯、甩干桶指示灯、蜂鸣器指示灯)。I/O 地址分配见表 3.8.1,原理接线图如图 3.8.2 所示。

表 3.8.1 I/O 地址分配

输入	说　明	输出	说　明
X0	启动按钮	Y0	进水指示灯
X1	停止按钮	Y1	排水指示灯
X2	上限按钮	Y2	正搅拌指示灯
X3	下限按钮	Y3	反搅拌指示灯
X4	手动排水按钮	Y4	甩干桶指示灯
		Y5	蜂鸣器指示灯

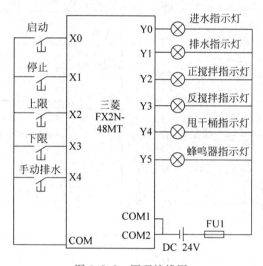

图 3.8.2 原理接线图

三、设计梯形图

梯形图的设计可以按照顺序流程来完成,如图 3.8.3 所示为全自动洗衣机的程序设计梯形图。

巩固训练

(1)完成全自动洗衣机的顺序功能图的绘制。
(2)根据 PLC 原理接线图进行安装、接线。

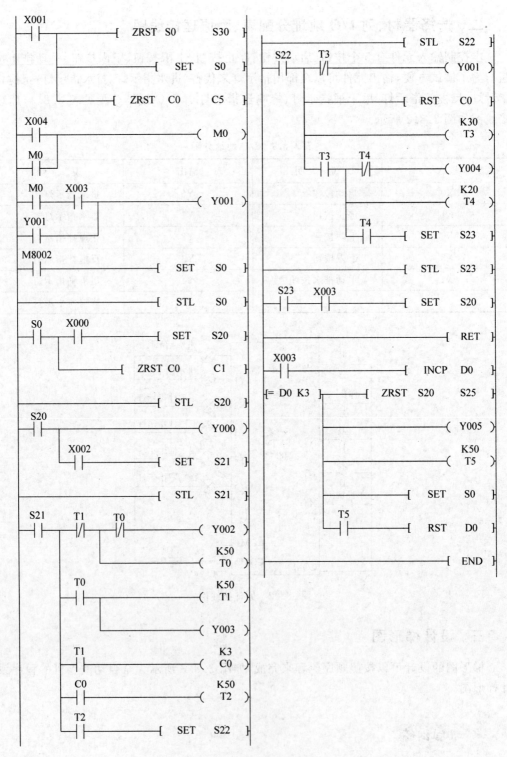

图 3.8.3 全自动洗衣机的程序设计梯形图

（3）检查无误后打开电源开关，将程序输入计算机。

（4）将程序传到 PLC 主机。

（5）将 PLC 主机开关打到运行挡，按一下启动按钮，观察各运行指示灯的变化。

（6）如果用结构编程的方法能否完成梯形图的设计？

（7）做一个社会调查，调查一下市场上的全自动洗衣机都有哪些洗涤功能。

任务测评

评价内容	评价标准	分值	学生自评	教师评分
外部接线	按照电气原理图接线	10		
接线工艺	符合工艺布线标准	10		
I/O 地址分配	I/O 地址分配正确合理	10		
原理接线图	符合电气原理图的画法，每错一处扣 1 分，错误超过 5 处为 0 分	10		
程序设计	能完成控制要求 20 分，具有创新意识 10 分	30		
程序调试与运行	程序输入正确 5 分，符合控制要求 10 分，能排除故障 5 分	20		
安全操作规范	能够规范操作 5 分，物品设备摆放整齐 5 分	10		
合　计				

知识拓展

磁性接近开关

磁性接近开关用于磁性物体的检测，磁性接近开关的常见外形有圆柱形和矩形，常用于贴有磁铁块的运动物体的检测，主要用于气动、液动气缸和活塞泵的位置测定，亦可作限位开关。当磁性目标接近时，磁性接近开关输出开关信号，其检测距离随检测体磁场强弱变化而变化，如图 3.8.4 所示为磁性接近开关。

图 3.8.4　磁性接近开关

　　磁性接近开关检测对象必须是磁性物体,按结构和原理可分为干簧管型(也称机械型)、霍尔型、磁敏电阻型和磁敏二极管型等。

　　干簧管型磁性接近开关内部主要是一个干簧管,当有磁性物体靠近时,干簧管的触点吸合而接通。干簧管型磁性接近开关的外形一般做成长矩形。干簧管型磁性接近开关一般只有两条引线,如图3.8.5所示。

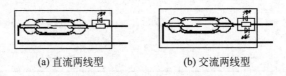

(a) 直流两线型　　　　　　　　(b) 交流两线型

图 3.8.5　干簧管型磁性接近开关

　　霍尔型磁性接近开关的内部有一个霍尔元件,当有磁性物件移近时,开关检测面上的霍尔元件因产生霍尔效应而使开关内部电路状态发生变化,进而控制开关的通或断。霍尔型磁性接近开关一般有3条引线,输出有常开或常闭,输出晶体管分为NPN型或PNP型,霍尔型磁性接近开关内部接线如图3.8.6所示。

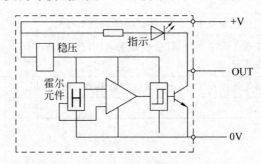

图 3.8.6　霍尔型磁性接近开关内部接线

　　磁性接近开关可并排紧密安装在金属(非磁性金属)中,可穿过金属(非磁性金属)进行检测,最广泛的用途是用于气缸活塞运动的位置检测。有些电梯轿厢运行时的楼层位置检测也是采用磁性接近开关。

 项目小结

　　1. 状态流程图也称功能图或转移图。状态流程图 SFC 图由状态转移条件、执行对象、状态寄存器组成。

　　2. 步进指令有 STL 指令(步进开始指令)、RET 指令(步进结束指令)。

　　3. 在步进顺序控制中,常见的两种结构是单流程结构 SFC 与多流程结构 SFC。

　　4. 步进梯形图指令(STL、RET):

　　(1) STL 指令功能:步进梯形图开始指令。利用内部软元件状态 S 的常开接点与左母线相连,表示步进控制的开始。

　　(2) RET 指令功能:步进梯形图结束指令。表示状态 S 流程的结束,用于返回主程序母线的指令。

5. 状态编程规则：

(1) 状态号不可重复使用。

(2) STL 指令后面只跟 LD/LDI 指令。

(3) 初始状态的编程,从每个分支点上引出的分支不能超过 8 个。

(4) 在不同的状态之间,可编写同样的输出继电器(在普通的继电器梯形图中,由于双线圈处理动作复杂,因此建议不对双线圈编程)。

(5) 定时器线圈同输出线圈一样,可在不同状态间对同一软元件编程。

(6) 在状态内的母线,一旦写入 LD 或 LDI 指令后,对不需触点的指令不能编程。

(7) 在中断和子程序内,不能使用 STL 指令。

(8) 在 STL 指令内不能使用跳转指令。

(9) 连续转移用 SET 指令,非连续转移用 OUT 指令。

(10) 在 STL 与 RET 指令之间不能使用 MC、MCR 指令。

 达标检测

1. 请完成四台电动机 M1、M2、M3、M4 顺序启动,反序停止。启动时 M1→M2→M3→M4,M1 立即启动,然后 M1→M2 的间隔是 3s、M2→M3 是 4s、M3→M4 是 5s;停止时顺序 M4→M3→M2→M1,M4 立即停止,M4→M3 间隔为 5s、M3→M2 为 6s、M2→M1 为 7s。要求有启动按钮、停止按钮;完成原理接线图的绘制、SFC 图的绘制和步进梯形图的设计。

2. 某机床的液压滑台需要进行二次进给控制,其动作过程、输出元件的分配及状态流程图如图 3-1 所示。请完成梯形图的设计。

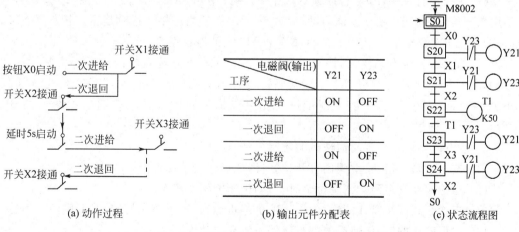

图 3-1 某机床液压滑台的二次进给控制

3. 请设计一个邮件分拣机的程序,控制要求：启动后绿灯 L1 亮表示可以进邮件,S1 为 ON 表示模拟检测邮件的光信号检测到了邮件,拨码器模拟邮件的邮码,从拨码器读到的邮码的正常值为 1、2、3、4、5,若是此 5 个数中的任一个,则红灯 L2 亮,电动机 M5 运行,将邮件分拣至邮箱内,完成后 L2 灭,L1 亮,表示可以继续分拣邮件。若读到的邮码不是该 5 个数,则红灯 L2 闪烁,表示出错,电动机 M5 停止,重新启动后,能重新运行。邮件分拣机的模拟图如图 3-2 所示。

4. 请运用步进指令设计一个台车自动往返控制,要求如下。

(1) 按下启动钮 SB,电动机 M 正转,台车前进,碰到限位开关 SQ1 后,电动机 M 反转,台车后退。

(2) 台车后退碰到限位开关 SQ2 后,台车电动机 M 停转,台车停车 5s 后,第二次前进,碰到限位开关 SQ3,再次后退。

(3) 当后退再次碰到限位开关 SQ2 时,台车停止。

运行示意图如图 3-3 所示。

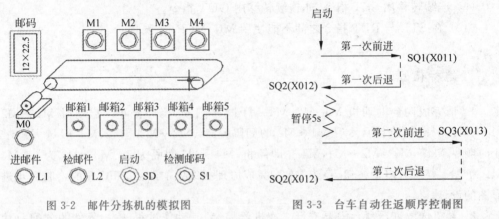

图 3-2　邮件分拣机的模拟图　　　　图 3-3　台车自动往返顺序控制图

5. 三台电动机两种运行模式的控制,要求如下。

(1) 将 SA 打到手动模式,按着 SB1,M3 运行;松开 SB1,M3 停止。按一下 SB2,M2 采用星三角降压启动,星形接法启动,运行 5s 后改为三角形接法连续运行。按一下 SB3,M1 自锁正转连续运行。按一下 SB4,M1 和 M2 全部停止运行。

(2) 将 SA 打到自动模式,按一下 SB4,首先 M1 自锁正转运行,10s 后,M2 星形接法启动,运行 5s 后改为三角形接法连续运行。两台电动机运行 20s 后,先 M1 停止,M1 停止 15s 后,M2 停止运行。请运用步进指令完成梯形图的设计。原理接线图如图 3-4 所示。

6. 请设计简易汽车自动清洗机的控制程序,要求如下。

(1) 按下启动按钮,喷淋阀门打开,同时清洗机开始移动。

(2) 当检测到汽车到达刷洗位置时,启动旋转刷刷洗汽车。

(3) 当检测到汽车离开清洗机时,清洗机停止移动,刷子停止旋转,喷淋阀门关闭。

(4) 按下停止按钮,任何时候都可以停止所有的动作。

请完成原理接线图的绘制和梯形图的设计。

7. 选择性工件传输机用于将大、小球分类送到右边的两个不同位置的箱里,如图 3-5 所示。其工作过程如下。

(1) 当传输机位于起始位置时,上限位开关 SQ3 和左限位开关 SQ1 被压下,接近开

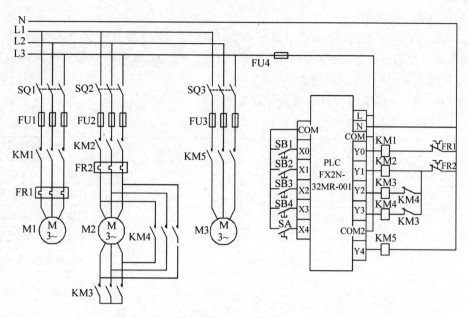

图 3-4 原理接线图

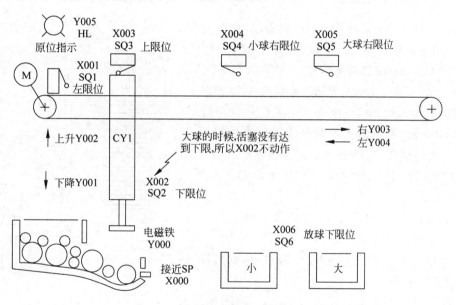

图 3-5 选择性工件输送机工作示意图

关 SP 断开。

（2）启动装置后，操作杆下行，一直到接近开关 SW 闭合。此时，若碰到大球，则下限位开关 SQ2 仍为断开状态；若碰到小球，则下限位开关 SQ2 为闭合状态。

（3）接通控制吸盘的电磁铁线圈 YA。

（4）假如吸盘吸起小球，则操作杆上行，碰到上限位开关 SQ3 后，操作杆右行；碰到右限位开关 SQ4（小球的右限位开关）后，再下行，碰到下限位开关 SQ6 后，将小球放到小球箱里,然后返回到原位。

(5) 如果启动装置后,操作杆一直下行到 SP 闭合后,下限位开关 SQ2 仍为断开状态,则吸盘吸起的是大球,操作杆右行碰到右限位开关 SQ5(大球的右限位开关)后,将大球放到大球箱里,然后返回到原位。

请根据表 3-1 提供的 I/O 地址分配表来完成梯形图的设计。

表 3-1　I/O 地址分配

输入	说　　明	输出	说　　明
X0	接近开关	Y0	电磁铁
X1	左限位开关	Y1	传输机下驱动线圈
X2	下限位开关	Y2	传输机上驱动线圈
X3	上限位开关	Y3	传输机右驱动线圈
X4	放小球右限位开关	Y4	传输机左驱动线圈
X5	放大球右限位开关	Y5	原位指示灯
X6	放球下限位开关		
X7	启、停手动开关		

8. 请设计一个水塔水位的控制程序,控制要求:当低于水池低水位界(S4 为 ON 表示),阀 Y 打开进水(Y 为 ON),定时器开始定时,4s 后,如果 S4 还不为 OFF,那么阀 Y 指示灯闪烁,表示阀 Y 没有进水,出现故障,S3 为 ON 后,阀 Y 关闭(Y 为 OFF)。当 S4 为 OFF 时,且水塔水位低于水塔低水位界时 S2 为 ON,电动机 M 运转抽水。当水塔水位高于水塔高水位界时电动机 M 停止。水塔水位的示意图如图 3-6 所示。

9. 请设计一个自动门的控制,要求如下。

(1) 开门动作控制

① 当有人靠近门时,光电传感器检测到信号,执行快速开门动作。

② 当自动门高速打开到一定位置时,限速开关闭合,转为低速开门,直至开门极限位开关闭合。

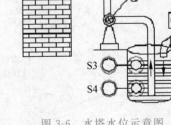

图 3-6　水塔水位示意图

③.门全部打开后,延时 2s,同时光电传感器检测无人,即转为关门动作。

(2) 关门动作

① 先高速关门到一定位置时,限速开关闭合,转为低速关门,直至关门极限开关闭合。

② 在关门期间,若检测到有人,则停止关门并延时 1s 转为开门动作(关门→慢开)。

自动门工作示意图如图 3-7 所示,请完成 SFC 图和梯形图的设计。

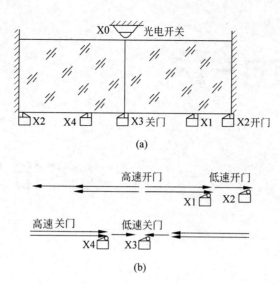

图 3-7 自动门工作示意图

项目4

功能指令的应用

 项目描述

　　功能指令是 PLC 的生产厂家为了充分利用 PLC 中的单电动机功能,开发的一系列完成不同功能的指令。三菱 FX 系列的 PLC 功能指令大致可分为程序控制、传送与比较、算数逻辑运算、移位与循环、数据处理等。在对控制系统进行设计时运用功能指令可以大大缩小程序的步数,提高 PLC 的利用率,降低整个控制系统的成本。下面将从最简单的功能指令的应用讲起,和大家一起来研究功能指令。

 知识目标

- 了解功能指令的基本知识。
- 能够说出常用功能指令的功能。
- 能够运用常用功能指令进行程序设计。

 技能目标

- 能够运用功能指令完成任务的程序设计、接线、运行和调试。
- 培养学生的编程能力。

 职业素养

- 培养学生的动手操作能力和解决问题的能力。
- 培养学生安全规范操作的习惯。

任务1　认识功能指令

相关知识与技能点

- 熟悉功能指令的表示形式。
- 掌握字元件、位元件的概念。
- 理解功能指令的执行方式。
- 了解标志位与特殊数据处理的功能。

工作任务

三菱 FX2N 系列 PLC 除了基本指令、步进指令外,还有丰富的高级指令和功能指令,这些指令使编程更加方便和快捷。三菱 FX2N 系列 PLC 使用指令编号 FNC00~FNC××来表示,本项目在任务中会详细解释有关的常用功能指令。使用功能指令编程时,需要了解功能指令中有关软元件的使用及其执行形式。

知识平台

一、认识功能指令的表示形式

FX2N 系列功能指令格式采用梯形图与通用助记符相结合的形式,功能指令格式及应用,如图 4.1.1 所示。

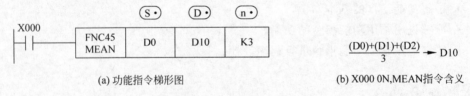

(a) 功能指令梯形图　　　　　　　　　　(b) X000 0N,MEAN 指令含义

图 4.1.1　功能指令格式及应用

说明:

(1) 在 FXGP 软件中输入功能指令时,既可以输入指令段(FNC 编号),也可以只输入助记符,也可两者同时输入。

(2) 其中各操作数功能如下。

[S]:其内容不随指令执行而变化,称为源操作数。多个源操作数时,以[S1],[S2],…的形式表示。

[D]:其内容随指令执行而变化,称为目标操作数。同样,可以作变址修饰,在目标数量多时,以[D1],[D2],…的形式表示。

n 或 m：表示其他操作数,常用来表示常数,或者作为源操作数和目标操作数的补充说明。表示常数时,使用十进制数 K 和十六进制数 H。当操作数数量很多时,以 $m1$, $m2$,…表示。

功能指令的指令段程序步数通常为 1 步,但是根据各操作数是 16 位指令还是 32 位指令,会变为 2 步或者 4 步。

二、认识位元件和字元件

1. 认识位元件

只具有接通或断开两种状态的元件称为位元件。常用的位元件有输入继电器 X,输出继电器 Y,辅助继电器 M 和状态继电器 S。例如 X0、Y5、M100 和 S20 等都是位元件。

对位元件只能逐个操作,例如,X0 的状态用取指令"LD X0"完成。如果有多个位元件状态,如 X0~X7 的状态,就需要 8 条"取"指令语句,程序较烦琐。将多个位元件按一定规律组合成字元件后,可以用一条功能指令语句同时对多个位元件进行操作,提高编程效率和处理数据能力。

2. 认识字元件

T、C、D 等处理数值的软元件称为字元件,一个字元件是由 16 位的存储单元构成。即使是位元件,通过组合使用也可进行数值处理,一般以位数 Kn 和起始的软元件号的组合(KnX、KnY、KnM、KnS)来表示,字元件范围见表 4.1.1。

表 4.1.1 字元件范围

符　号	表　示　内　容
KnX	输入继电器位元件组合的字元件,也称输入位组件
KnY	输出继电器位元件组合的字元件,也称输出位组件
KnM	辅助继电器位元件组合的字元件,也称辅助位组件
KnS	状态继电器位元件组合的字元件,也称状态位组件
T	定时器 T 的当前值寄存器
C	计数器 C 的当前值寄存器
D	数据寄存器
V、Z	变址寄存器

三、认识功能指令的编程元件

1. 数据寄存器 D

每个数据寄存器都有 16 位,也可由两个相邻的元件组成 32 位寄存器。

(1) 通用数据寄存器 D0~D199 共 200 点。只要不写入其他数据,已写入的数据不会变化。但是,PLC 状态由运行→停止时,全部数据均清零。

(2) 断电保持数据寄存器 D200~D511 共 312 点,只要不改写,原有数据不会丢失。

(3) 特殊数据寄存器 D8000~D8255 共 256 点,这些数据寄存器可用于监视 PLC 中各种元件的运行方式。

（4）文件寄存器 D1000～D2999 共 2000 点。

2. 变址寄存器（V/Z）

变址寄存器的作用类似于一般微处理器中的变址寄存器，通常用于修改元件的编号。V、Z 都是 16 位。

3. 地址指针寄存器（P/I）

P0～P63（64 点）作为 JUMP/CALL 指令的地址指针。

I0□□～I8□□（9 点）用于中断服务程序的地址指针。

PLC 提供两类中断源。

外部中断源：I0□□～I5□□（6 点）从 X0～X5 中断输入（高速计时器中断）。

内部中断源：I6□□～I8□□（3 点），以一定时间间隔产生的中断。

4. 嵌套标志指针寄存器（N）

N0～N7（8 点）。

5. 常数（K/H）

十进制 K。

16bit：－32768～32767

32bit：－2147483648～2147483647

十六进制 H。

16bit：0～FFFFH

32bit：0～FFFFFFFFH

任务测评

评价内容	评价标准	分值	学生自评	教师评分
认识功能指令的表示形式	能够准确写出功能指令的表示形式	30		
认识位元件和字元件	能够准确区分字元件和位元件 10 分，并且可以写出不同的字和位元件 10 分	20		
认识功能指令的编程元件	知道数据寄存器的种类和各分类的用途 10 分，了解变址寄存器的位数 10 分，掌握两类地址寄存器的书写格式 20 分，会区分数的进制 10 分	50		
合　计				

知识拓展

一、功能指令的执行方式

功能指令有两种执行方式，即连续执行型和脉冲执行型。指令的后面加上"P"表示脉冲执行型,即该指令仅在 X10 由 OFF→ON 时,执行一次,功能指令格式如图 4.1.2 所示。

而没有"P"则表示连续执行型,即在 X0 接通时,每一个扫描周期 MOV 指令都被重复执行。

二、功能指令的数据长度

处理 32 位数据的指令在助记符前加"D"标志,无此标志即为处理 16 位数据的指令。

注意 32 位计数器(C200~C255)的一个软元件为 32 位,不可作为处理 16 位数据指令的操作数使用。在使用 32 位数据时建议使用首编号为偶数的操作数。

传送指令书写格式如图 4.1.3 所示传送指令的含义为:当 X0 由 OFF→ON 时,将 D11 和 D10 的数据传送到 D13 和 D12 中(处理 32 位数据)。

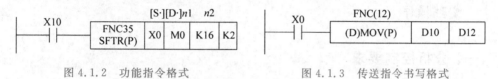

图 4.1.2 功能指令格式　　　　　图 4.1.3 传送指令书写格式

三、标志位与特殊数据处理

(1) 一般标志位。M8020(零标志)、M8021(借位标志)、M8022(进位标志)等。

(2) 出错标志。执行指令出错,出错标志 M8067 置 1,出错代码编号存入 D8067,错误消除出错标志复位,出错编码清除。

(3) 扩展标志。功能指令与扩展标志结合可以扩展该指令的功能,如 M8160。

(4) 特殊数据。与 M8000~M8255 类似,特殊数据 D8000~D8255 有两类:一类由系统程序写入,如 D8010~D8012 中的扫描时间,错误编码 D8060~D8069;另一类由用户程序写入,如 D8039 定时扫描时间。

任务2 工件的分拣控制

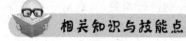
相关知识与技能点

- 熟悉工件的分拣过程及工作原理。
- 掌握组件比较指令、加 1 指令、区间比较指令的功能。
- 运用比较指令完成工件分拣的程序设计,并且进行程序的运行、调试。

工作任务

如图 4.2.1 所示为某工厂的工件分拣示意图,当不同规格的工件经过传送带时,PLC 就会控制传送带将不同规格的工件进行分拣。本任务将用功能指令来实现程序

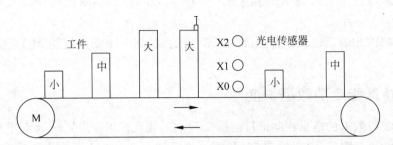

图 4.2.1　某工厂的工件分拣示意图

的设计。

一、分析控制要求

工件规格与光电信号转换关系如图 4.2.1 所示，在传送带上输送大、中、小三种规格的工件，用 3 个垂直成一列的光电传感器来判别工件规格。工件规格与光电信号转换关系见表 4.2.1。

表 4.2.1　工件规格与光电信号转换关系

工件规格	光电信号输入控制字 K1M0				光电转换数据
	M3	M2/X2	M1/X1	M0/X0	
小工件	0	0	0	1	K1
中工件	0	0	1	1	K3
大工件	0	1	1	1	K7

二、选择器材、列 I/O 地址分配表、画原理接线图

有大、中、小三种工件，用三个光电传感器对三个工件分别进行检测，实现对三种工件的个数统计。程序中输入继电器和数据寄存器的作用对照见表 4.2.2。

表 4.2.2　输入继电器和数据寄存器的作用对照

输入继电器	作　　用	数据寄存器	作　　用
X0	光电信号转换	D200	储存小工件数量
X1	光电信号转换	D201	储存中工件数量
X2	光电信号转换	D202	储存大工件数量
X3	启动计数		
X4	停止计数、清零		

说明：由于本程序设计没有用到输出继电器，只是进行调试演示，所以，I/O 地址分配表和原理接线图省略。

三、设计梯形图

按照工件的分拣过程，设计工件计数程序，工件计数梯形图如图 4.2.2 所示。

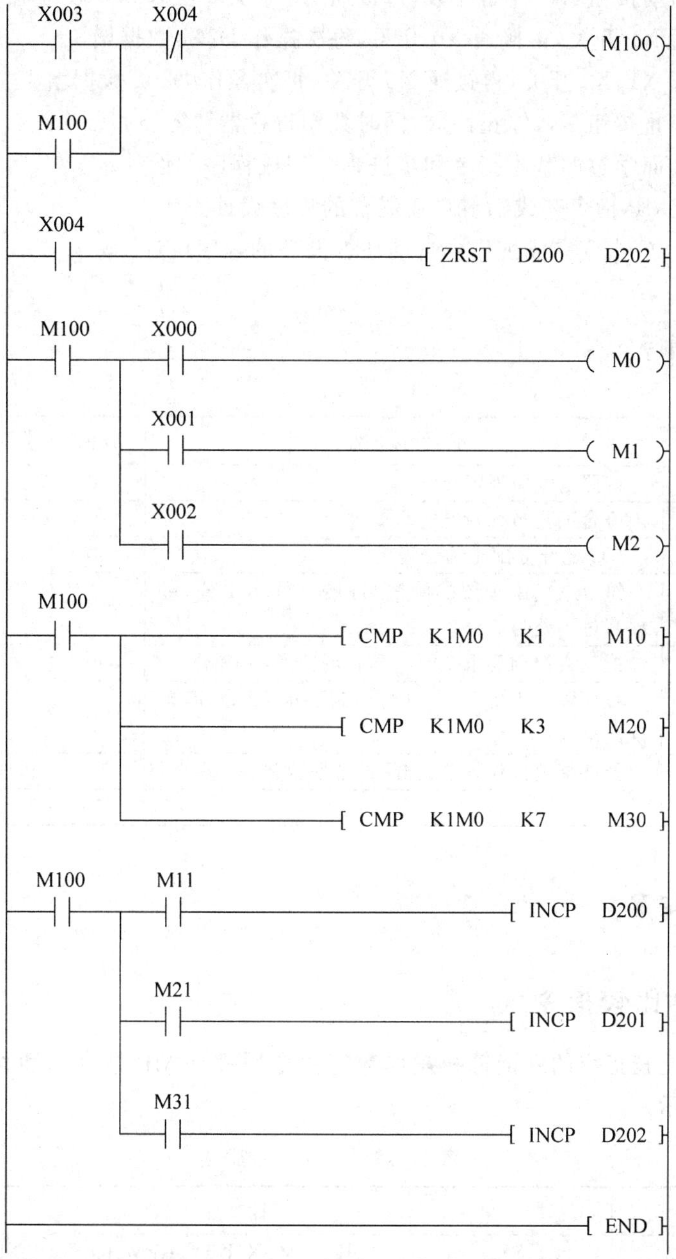

图 4.2.2　工件计数梯形图

 巩固训练

(1) 将 3 个开关分别接入输入继电器 X0、X1、X2,用开关通断模拟光电信号,将 2 个按钮分别接入输入继电器 X3、X4。

(2) 将设计程序写入 PLC。

(3) 按下启动按钮 X3,开始计数,每接通 X0 开关一次,D200 数据增 1。

(4) 先接通 X1 开关,再接通 X0 开关,每次操作 D201 数据增 1。

(5) 先接通 X1、X2 开关,再接通 X0 开关,每次操作 D202 数据增 1。

(6) 按下停止按钮 X4,停止计数,同时数据寄存器清零。

(7) 运用前面学过的基本指令和步进指令完成程序的设计。

(8) 运用 CMP 指令完成物料自动混合的程序设计。

(9) 运用 INC 指令完成工作台自动往返循环的程序设计。

 任务测评

评价内容	评价标准	分值	学生自评	教师评分
外部接线	按照电气原理图接线	10		
接线工艺	符合工艺布线标准	10		
I/O 地址分配	I/O 地址分配正确合理	10		
原理接线图	符合电气原理图的画法,每错一处扣 1 分,错误超过 5 处为 0 分	10		
程序设计	能完成控制要求 20 分,具有创新意识 10 分	30		
程序调试与运行	程序输入正确 5 分,符合控制要求 10 分,能排除故障 5 分	20		
安全操作规范	能够规范操作 5 分,物品设备摆放整齐 5 分	10		
合　计				

 知识拓展

一、组件比较指令

分析组件比较指令的助记符和操作数等指令属性,CMP 指令属性见表 4.2.3,应用如图 4.2.3 所示。

表 4.2.3　CMP 指令属性

比较指令		操　作　数	
D	FNC10 CMP	S1、S2	K、H、KnX、KnY、KnM、KnS、T、C、D、V、Z
P		D	Y、M、S

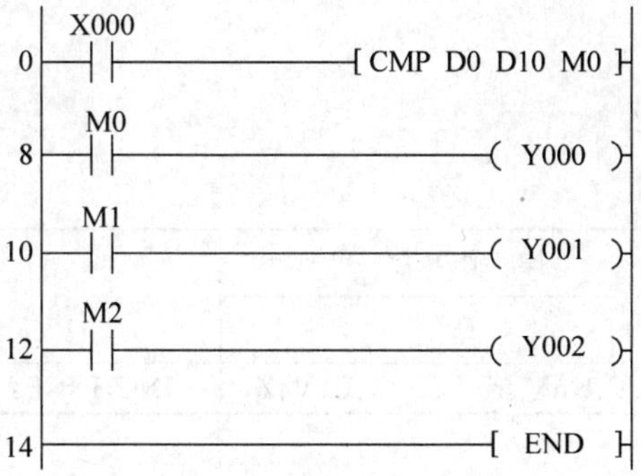

```
     X000
0    ┤├                          ─[ CMP D0 D10 M0 ]
     M0
8    ┤├                               ( Y000 )
     M1
10   ┤├                               ( Y001 )
     M2
12   ┤├                               ( Y002 )
14                                 ─[ END ]
```

图 4.2.3　比较指令 CMP 的应用

组件比较指令 CMP 对两个源操作数 S1、S2 的数据进行比较,比较结果影响目标操作数 D 相邻的三个标志位。其中:

D0>D10	M0 = 1	M1 = 0	M2 = 0
D0=D10	M0 = 0	M1 = 1	M2 = 0
D0<D10	M0 = 0	M1 = 0	M2 = 1

二、区间比较指令 ZCP

区间比较指令 ZCP(D) ZCP(P)指令的编号为 FNC11,指令执行时,源操作数[S]与[S1]和[S2]的内容进行比较,并将比较结果送到目标操作数[D]中。如图 4.2.4 所示,当 X0 为 ON 时,把 C30 当前值与 K100 和 K120 比较,将结果送入 M3、M4、M5 中。X0 为 OFF,则 ZCP 不执行,M3、M4、M5 不变。

使用比较指令 ZCP 时应注意:

(1) [S1]、[S2]可取任意数据格式,目标操作数[D]可取 Y、M 和 S。

(2) 使用 ZCP 时,[S2]的数值不能小于[S1]。

(3) 所有的源数据都被看成二进制值处理。

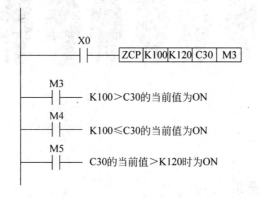

图 4.2.4　梯形图

三、加1指令

INC 指令表见表 4.2.4。

表 4.2.4 INC 指令

加1指令		操 作 数	程 序 步
功能号	助记符	D	
FNC24	INC	KnY、KnM、KnS、T、C、D、V、Z	INC,INCP：3 步；DINC,DINCP：5 步

<h2>任务 3　彩灯循环控制</h2>

相关知识与技能点

- 熟悉彩灯循环控制的过程及工作原理。
- 掌握传送指令和触点比较指令的功能。
- 能运用 MOV、触点比较指令完成彩灯循环控制的程序设计,并且进行程序的运行、调试。

工作任务

在城市的夜晚,彩灯的使用越来越广泛,如彩灯光广告牌、舞台灯、霓虹灯等。利用 PLC 进行彩灯控制,其具有控制简单、扩展方便、效果突出等优点。本次任务就来完成 PLC 的彩灯控制。八盏彩灯循环控制如图 4.3.1 所示,用一个转换开关实现八盏彩灯的启停。

图 4.3.1　八盏彩灯

实践操作

一、分析控制要求

要求八盏彩灯依次循环点亮,间隔时间为1s。根据分析画出灯光显示与控制编码见表 4.3.1。

表 4.3.1 灯光显示与控制编码

状态	灯 光 显 示								控制编码
0	○	○	○	○	○	○	○	○	H00
1	●	●	●	●	●	●	●	●	H0FF
2	○	○	○	○	○	○	○	○	H00
3	●	○	○	○	○	○	○	●	H81
4	○	●	○	○	○	○	●	○	H42
5	○	○	●	○	○	●	○	○	H24
6	○	○	○	●	●	○	○	○	H18
7	○	○	●	○	○	●	○	○	H24
8	○	●	○	○	○	○	●	○	H42
9	●	○	○	○	○	○	○	●	H81

注：图中●表示灯亮，○表示灯灭。

二、选择器材、列 I/O 地址分配表、画原理接线图

本任务输入元件只有一个转换开关接到 X0 上，输出元件八盏灯依次接到 Y0～Y7 上。彩灯控制 I/O 地址分配见表 4.3.2，原理接线图如图 4.3.2 所示（每盏灯的额定电压为 220V）。

表 4.3.2 彩灯控制 I/O 地址分配

输入	说 明	输出	说 明
X0	转换开关	Y0	HL0
		Y1	HL1
		Y2	HL2
		Y3	HL3
		Y4	HL4
		Y5	HL5
		Y6	HL6
		Y7	HL7

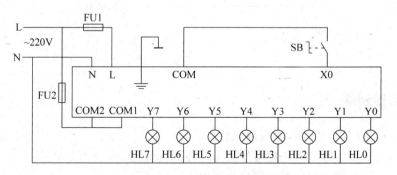

图 4.3.2 原理接线图

三、设计梯形图

1s 的闪烁可以考虑用特殊辅助继电器 M8013 来实现,八盏彩灯循环点亮的梯形图如图 4.3.3 所示。

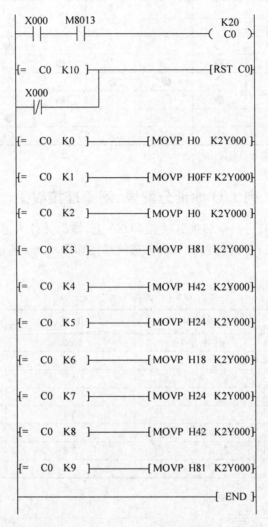

图 4.3.3　八盏彩灯循环点亮梯形图

 巩固训练

(1) 连接彩灯控制线路,编写控制程序。

(2) 接通运行旋钮 X0,观察彩灯状态循环变化情况。

(3) 断开运行旋钮 X0,观察彩灯是否熄灭。

(4) 采用步进指令完成彩灯循环控制的程序设计。

任务测评

评价内容	评价标准	分值	学生自评	教师评分
外部接线	按照电气原理图接线	10		
接线工艺	符合工艺布线标准	10		
I/O 地址分配	I/O 地址分配正确合理	10		
原理接线图	符合电气原理图的画法，每错一处扣 1 分，错误超过 5 处为 0 分	10		
程序设计	能完成控制要求 20 分，具有创新意识 10 分	30		
程序调试与运行	程序输入正确 5 分，符合控制要求 10 分，能排除故障 5 分	20		
安全操作规范	能够规范操作 5 分，物品设备摆放整齐 5 分	10		
合　计				

知识拓展

一、数据传送指令 MOV

MOV 指令的详细说明见表 4.3.3。该表描述了传送指令的助记符、功能号、操作数和程序步数。

表 4.3.3　MOV 指令的详细说明

传送指令		操　作　数									程　序　步
P	FNC12	S ·									MOV,MOV(P):
	MOV	KnH	KnX	KnY	KnM	KnS	T	C	D	V,Z	5 步；(D)MOV,
D	MOV(P)	D ·									(D)MOV(P):9 步

指令格式：

```
FNC12  MOV    [S] [D]
FNC12  MOVP   [S] [D]
FNC12  DMOV   [S] [D]
FNC12  DMOVP  [S] [D]
```

指令功能：

MOV 是 16 位的数据传送指令，将源操作数[S]中的数据传送到目标操作数[D]中。

DMOV 是 32 位的数据传送指令，将源操作数[S][S+1]中的数据传送到目标操作数[D][D+1]中。

源操作数范围：K,H,KnX,KnY,KnM,KnS,T,C,D,V,Z。

目标操作数范围：KnY,KnM,KnS,T,C,D,V,Z。

二、成批传送指令 BMOV

成批传送指令的助记符、功能号、操作数和程序步数等指令概要见表 4.3.4。

表 4.3.4   成批传送指令概要

传送指令		操作数									程序步
P	FNC15 BMOV BMOV(P)	S·									BMOV,BMOV(P): 7 步
		KnH	KnX	KnY	KnM	KnS	T	C	D	V,Z	
		n		D							
								n≤512			

指令格式:

```
FNC15    BMOV    [S]  [D]  n
FNC15    BMOVP   [S]  [D]  n
```

指令功能:BMOV 指令将[S]指定的 n 个数据传送到目标操作数[D]指定的块中。

源操作数范围:K,H,KnX,KnY,KnM,KnS,T,C,D,V,Z。

目标操作数范围:KnY,KnM,KnS,T,C,D,V,Z。

操作数 n 的取值范围:n≤512。

三、触点比较指令

16 位触点比较指令的详细说明见表 4.3.5。

表 4.3.5   16 位触点比较指令的详细说明

触点类型	FNC 编号	助 记 符	比较指令	逻辑功能
双比较触点	224	LD=	S1=S2	S1 与 S2 相等
	225	LD>	S1>S2	S1 大于 S2
	226	LD<	S1<S2	S1 小于 S2
	227	LD <>	S1≠S2	S1 与 S2 不相等
	228	LD<=	S1≤S2	S1 小于等于 S2
	229	LD>=	S1≥S2	S1 大于等于 S2
串联比较触点	232	AND=	S1=S2	S1 与 S2 相等
	233	AND>	S1>S2	S1 大于 S2
	234	AND<	S1<S2	S1 小于 S2
	236	AND<>	S1≠S2	S1 与 S2 不相等
	237	AND<=	S1≤S2	S1 小于等于 S2
	238	AND>=	S1≥S2	S1 大于等于 S2
并联比较触点	240	OR=	S1=S2	S1 与 S2 相等
	241	OR>	S1>S2	S1 大于 S2
	242	OR<	S1<S2	S1 小于 S2
	244	OR<>	S1≠S2	S1 与 S2 不相等
	245	OR<=	S1≤S2	S1 小于等于 S2
	246	OR>=	S1≥S2	S1 大于等于 S2

触点相等取比较指令的应用如图 4.3.4 所示。D0 中存储数据与常数 K100 比较,如果二者相等,比较触点闭合,Y0 通电;如果不相等,比较触点断开,Y0 断电。

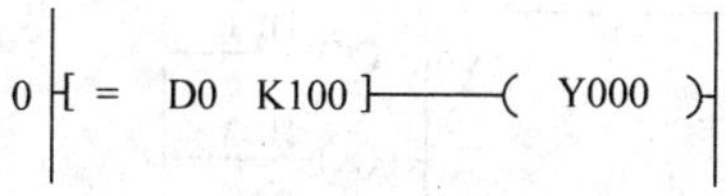

```
0 ─┤ = D0 K100 ├─────( Y000 )      0  LD=  D0   K100
                                    5  OUT  Y000
```

图 4.3.4　触点相等取比较指令的应用

任务 4　马路照明灯的控制

相关知识与技能点

- 熟悉马路照明灯的控制过程及工作原理。
- 掌握 FMOV、SMOV、CML 指令的功能及形式。
- 了解时钟专用辅助继电器和特殊数据寄存器的功能。
- 应用触点比较指令完成马路照明灯的程序设计，并且进行程序的运行、调试。

工作任务

大家都见过马路上的照明灯吧，为什么它可以按着设定的时间规律来点亮和熄灭呢？本任务就来完成马路照明灯的 PLC 程序设计。

实践操作

一、分析控制要求

FX 系列 PLC 具有实时时钟控制功能，可以在设定的日期和时间完成预定任务，以马路照明灯控制为例，说明实时时钟的设置与应用。

控制要求如下。

设马路照明灯由 PLC 输出端口 Y0、Y1 各控制一半，每年夏季（7～9 月）每天 19 时 0 分至次日 0 时 0 分灯全部开，0 时 0 分至 5 时 30 分开一半灯。其余季节每天 18 时 0 分至次日 0 时 0 分灯全部开，0 时 0 分至 7 时 0 分各开一半灯。

二、选择器材、列 I/O 地址分配表、画原理接线图

本任务的输入元件只有 2 个按钮（启动按钮、停止按钮），输出元件有 2 盏灯。马路照明灯的 I/O 地址分配表见表 4.4.1，原理接线图如图 4.4.1 所示。

表 4.4.1　马路照明灯的 I/O 地址分配

输入	说明	输出	说明
X0	启动	Y0	灯 1
X1	停止	Y1	灯 2

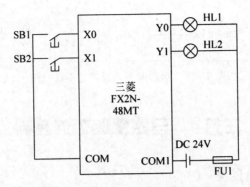

图 4.4.1 马路照明灯的原理接线图

三、设计梯形图

根据所分析的控制要求,马路照明灯的梯形图如图 4.4.2 所示。

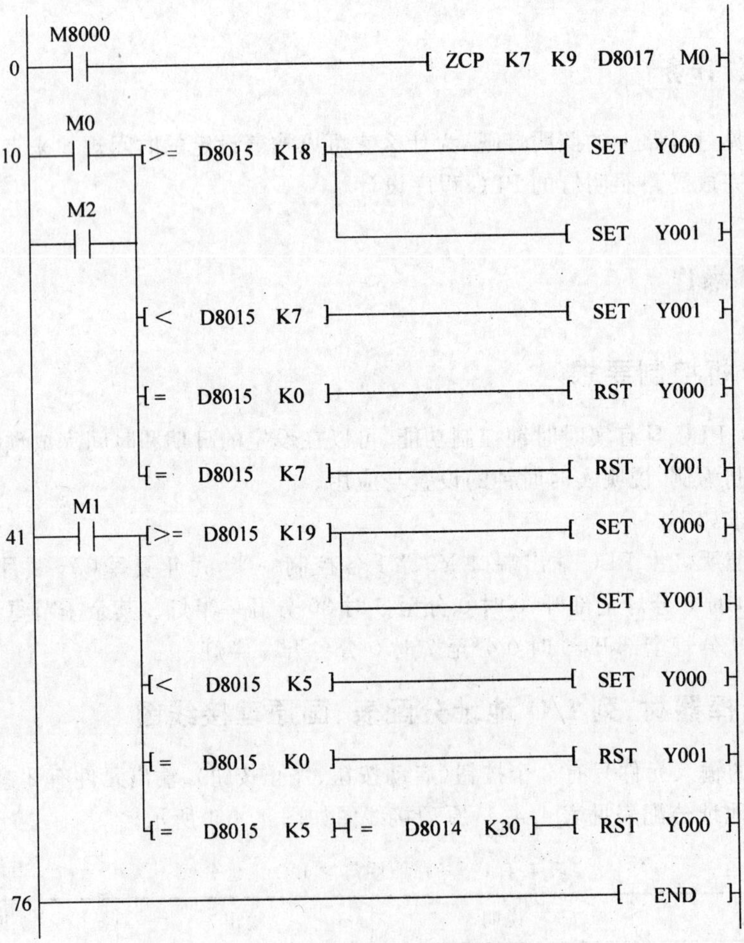

```
0    M8000
     ─┤├──────────────────────────────[ ZCP  K7  K9  D8017  M0 ]

10   M0
     ─┤├──[>=  D8015  K18 ]───────────────────────[ SET  Y000 ]
     M2
     ─┤├─────────────────────────────────────────[ SET  Y001 ]

          [<  D8015  K7 ]─────────────────────────[ SET  Y001 ]

          [=  D8015  K0 ]─────────────────────────[ RST  Y000 ]

          [=  D8015  K7 ]─────────────────────────[ RST  Y001 ]

41   M1
     ─┤├──[>=  D8015  K19 ]──────────────────────[ SET  Y000 ]
                                                  [ SET  Y001 ]

          [<  D8015  K5 ]─────────────────────────[ SET  Y000 ]

          [=  D8015  K0 ]─────────────────────────[ RST  Y001 ]

          [=  D8015  K5 ]─[=  D8014  K30 ]────────[ RST  Y000 ]

76                                                [ END ]
```

图 4.4.2 马路照明灯的梯形图

 **巩固训练**

(1) 绘制马路照明灯控制线路图。

(2) 按照原理接线图接线、运行调试程序。

(3) 运用基本指令能否完成本任务的设计？

(4) 运用定时器和计数器可否完成本任务的设计？

(5) 比较一下数据传送指令、多点传送指令、位传送指令和取反传送指令有什么不同？

(6) 查阅资料了解 BMOV 指令的功能与其他传送指令的区别。

 任务测评

评价内容	评价标准	分值	学生自评	教师评分
外部接线	按照电气原理图接线	10		
接线工艺	符合工艺布线标准	10		
I/O 地址分配	I/O 地址分配正确合理	10		
原理接线图	符合电气原理图的画法，每错一处扣 1 分，错误超过 5 处为 0 分	10		
程序设计	能完成控制要求 20 分，具有创新意识 10 分	30		
程序调试与运行	程序输入正确 5 分，符合控制要求 10 分，能排除故障 5 分	20		
安全操作规范	能够规范操作 5 分，物品设备摆放整齐 5 分	10		
合　计				

 **知识拓展**

一、多点传送指令 FMOV

多点传送指令的助记符、功能号、操作数和程序步数等指令概要见表 4.4.2。

表 4.4.2　多点传送指令概要

传送指令		操作数								程序步
P	FNC16 FMOV	S·								FMOV, FMOV(P)： 7 步；(D) FMOV, (D)FMOV(P)：13 步
		KnH	KnX	KnY	KnM	KnS	T	C	D	V,Z
D	FMOV(P)	n				D·				$n \leqslant 512$

指令格式：

```
FNC16    FMOV    [S]  [D]  n
FNC16    FMOVP   [S]  [D]  n
FNC16    DFMOV   [S]  [D]  n
```

FNC16   DFMOVP [S] [D] n

指令功能:FMOV指令将[S]指定的数据传送到目标操作数[D]指定的 n 个数据寄存器中。

源操作数范围:K,H,KnX,KnY,KnM,KnS,T,C,D,V,Z。

目标操作数范围:KnY,KnM,KnS,T,C,D,V,Z。

操作数 n 的取值范围:$n \leqslant 512$。

二、位移动指令 SMOV

位移动指令的助记符、功能号、操作数和程序步数等指令概要见表4.4.3。

表 4.4.3   位移动指令概要

传送指令		操 作 数									程 序 步
P	FNC13 SMOV	S ·									SMOV,SMOV
		KnH	KnX	KnY	KnM	KnS	T	C	D	V,Z	(P):11步
D	SMOV(P)	n				D ·					
		$m1,m2$							$m1,m2,n=1\sim4$		

指令格式:

```
FNC13  SMOV   [S] m1  m2 [D] n
FNC13  SMOVP  [S] m1  m2 [D] n
```

指令功能:SMOV指令也称BCD码移位指令,将[S]中第 m1 位开始的 m2 个BCD码数移位到[D]的第 n 位开始的 m2 个位置中。

源操作数范围:K,H,KnX,KnY,KnM,KnS,T,C,D,V,Z。

目标操作数范围:KnY,KnM,KnS,T,C,D,V,Z。

m1、n:取值范围为K1~K4。K1表示个位BCD码,K2表示十位BCD码,K3表示百位BCD码,K4表示千位BCD码。

m2:取值范围为K1~K4,表示BCD码的个数。

三、取反传送指令 CML

取反传送指令的助记符、功能号、操作数和程序步数等指令概要见表4.4.4。

表 4.4.4   取反传送指令概要

取反传送指令		操 作 数									程 序 步
P	FNC13 CML	S ·									CML,CML(P):
		KnH	KnX	KnY	KnM	KnS	T	C	D	V,Z	5步;DCML,
D	CML(P)	D ·									DCML(P)9步

指令格式:

```
FNC14   CML   [S] [D]
```

FNC14   CMLP   [S] [D]
FNC14   DCML   [S] [D]
FNC14   DCMLP   [S] [D]

指令功能：CML 指令将[S]中的数据以二进制数方式按位取反后送到目标操作数[D]中。

源操作数范围：K,H,KnX,KnY,KnM,KnS,T,C,D,V,Z。

目标操作数范围：KnY,KnM,KnS,T,C,D,V,Z。

注意事项：所有源数据都被看成二进制值处理。

四、时钟专用辅助继电器和特殊数据寄存器

时钟专用辅助继电器和特殊数据寄存器的名称、功能、范围，见表 4.4.5 和表 4.4.6。

表 4.4.5　时钟专用辅助继电器

时钟专用辅助继电器	名　称	功　能
M8015	时钟停止和改写	＝1 时钟停止，改写时钟数据
M8016	时钟显示停止	＝1 停止显示
M8017	秒复位清零	上升沿时修正秒数
M8018	内装 RTC 检测	平时为 1
M8019	内装 RTC 错误	改写时间数据，超出范围时＝1

表 4.4.6　时钟专用特殊数据寄存器

特殊数据寄存器	名　称	范　围
D8013	秒设定值或当前值	0～59
D8014	分设定值或当前值	0～59
D8015	时设定值或当前值	0～23
D8016	日设定值或当前值	1～31
D8017	月设定值或当前值	1～12
D8018	年设定值或当前值	公历 4 位
D8019	星期设定值或当前值	0～6(周日～周六)

任务5　五人竞赛抢答器的设计

 相关知识与技能点

- 熟悉竞赛抢答器的工作过程及原理。
- 了解七段编码指令 SEGD 的功能。
- 能够完成五人竞赛抢答器的程序设计，并且进行程序的运行、调试。

 **工作任务**

在学校、电视节目中,我们经常见到各种各样的智力竞赛,都会用到抢答器,保证竞赛真正达到公正、公平、公开。本任务利用 PLC 作为核心部件进行逻辑控制及产生抢答信号。如图 4.5.1 所示为一个五人抢答器示意图。

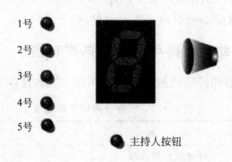

图 4.5.1 五人抢答器示意图

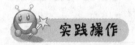 **实践操作**

一、分析控制要求

控制要求:某参赛选手抢先按下自己的按钮时,则显示该选手的号码,同时联锁其他参赛选手的输入信号无效。主持人按复位按钮清除显示数码后,比赛继续进行。

二、选择器材、列 I/O 地址分配表、画控制电路原理接线图

本任务输入元件有 6 个按钮,输出元件为 7 段数码管。五人抢答器的 I/O 地址分配见表 4.5.1,其控制电路原理接线图如图 4.5.2 所示。

表 4.5.1 五人抢答器的 I/O 地址分配

输入	说　明	输出	说　明
X0	主持人按钮	Y0	数码管显示 A
X1	1 号选手按钮	Y1	数码管显示 B
X2	2 号选手按钮	Y2	数码管显示 C
X3	3 号选手按钮	Y3	数码管显示 D
X4	4 号选手按钮	Y4	数码管显示 E
X5	5 号选手按钮	Y5	数码管显示 F
		Y6	数码管显示 G

三、设计梯形图

本任务在进行设计时要考虑数码管的数字显示,设计方法有很多种,可以用 SEGD

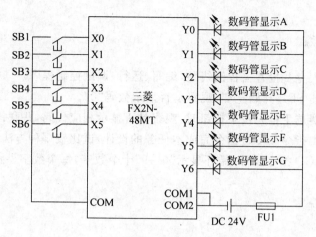

图 4.5.2 五人抢答器的控制电路原理接线图

指令,同时还要使用数据的传送指令 MOV,五人抢答器的梯形图如图 4.5.3 所示。

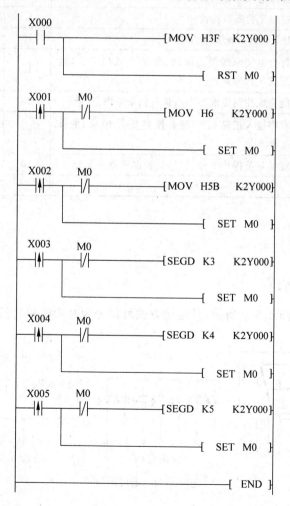

图 4.5.3 五人抢答器的梯形图

巩固训练

（1）连接五人竞赛抢答器控制线路，编写、运行、调试控制程序。

（2）按下按钮 SB1，开始竞赛，观察是否显示数码"0"。

（3）当某参赛选手抢先按下按钮时，观察是否显示相应代码，并联锁其他选手。

（4）运用基本指令和步进指令完成本任务的设计，试比较哪种方法更为简单。

（5）运用 SEGD 指令设计，循环显示"0～9"十个数字，每个数字显示 2s 的程序。

任务测评

评价内容	评 价 标 准	分值	学生自评	教师评分
外部接线	按照电气原理图接线	10		
接线工艺	符合工艺布线标准	10		
I/O 地址分配	I/O 地址分配正确合理	10		
原理接线图	符合电气原理图的画法，每错一处扣 1 分，错误超过 5 处为 0 分	10		
程序设计	能完成控制要求 20 分，具有创新意识 10 分	30		
程序调试与运行	程序输入正确 5 分，符合控制要求 10 分，能排除故障 5 分	20		
安全操作规范	能够规范操作 5 分，物品设备摆放整齐 5 分	10		
合　计				

知识拓展

一、七段数码管

七段数码管如图 4.5.4 所示，其连接方式可以分为共阳极和共阴极两种。

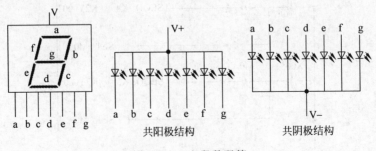

图 4.5.4　七段数码管

二、七段显示代码

七段显示代码见表 4.5.2。

表 4.5.2 七段显示代码

十进制数码		七段显示电平							七段显示码
数码	显示图形	g	f	e	d	c	b	a	
0	**0**	0	1	1	1	1	1	1	H3F
1	**1**	0	0	0	0	1	1	0	H06
2	**2**	1	0	1	1	0	1	1	H5B
3	**3**	1	0	0	1	1	1	1	H4F
4	**4**	1	1	0	0	1	1	1	H66
5	**5**	1	1	0	1	1	0	1	H6D
6	**6**	1	1	1	1	1	0	1	H7D
7	**7**	0	1	0	0	1	1	1	H27
8	**8**	1	1	1	1	1	1	1	H7F
9	**9**	1	1	0	1	1	1	1	H6F

三、七段编码指令 SEGD

SEGD 指令见表 4.5.3。

表 4.5.3 SEGD 指令

七段编码指令		操 作 数		程 序 步
功能号	助记符	S	D	
FNC73	SEGD	K、H、KnX、KnY、KnM、KnS、T、C、D、V、Z	KnY、KnM、KnS、T、C、D、V、Z	SEGD、SEGDP：5 步

七段编码指令 SEGD 的说明如下。

（1）S 为要编码的源操作组件，D 为存储七段编码的目标操作数。

（2）SEGD 指令是对 4 位二进制数编码，如果源操作组件大于 4 位，只对最低 4 位编码。

（3）SEGD 指令编码范围为十六进制数 0～9、A～F。

任务 6　应用算术运算指令实现功率调节控制

 相关知识与技能点

- 熟悉加热器的功率调节过程及原理。

- 掌握加、减、乘、除等算术运算指令的功能。
- 能运用 INC、DEC 指令完成功率调节控制的程序设计,并且进行程序的运行、调试。

大家生活中都用过加热器,加热器可实现不同的功率调节,本任务用 PLC 调节控制加热器的功率。

一、分析控制要求

控制要求:某加热器的功率调节有 7 个挡位,分别是 0.5kW、1kW、1.5kW、2kW、2.5kW、3kW 和 3.5kW。每按一次功率增加按钮 SB2,功率上升 1 挡;每按一次功率减少按钮 SB3,功率下降 1 挡;按停止按钮 SB1,停止加热。

二、选择器材、列 I/O 地址分配表、画控制电路原理接线图

本任务输入元件一共有 3 个(增加按钮 SB2、减少按钮 SB3、停止按钮 SB1),输出元件需要 3 个交流接触器。功率调节控制的 I/O 地址分配见表 4.6.1,控制电路原理接线图如图 4.6.1 所示。

表 4.6.1　功率调节控制的 I/O 地址分配

输入	说　明	输出	说　明
X0	SB1 停止	Y0	输出
X1	SB2 上升	Y1	输出
X2	SB3 减少	Y2	输出

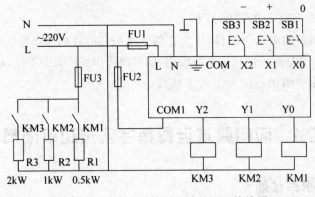

图 4.6.1　功率调节控制电路的原理接线图

三、设计梯形图

在进行程序设计之前需要分析输出功率与字元件的关系,两者的关系见表 4.6.2。

表 4.6.2　输出功率与字元件关系

输出功率	字元件 K1M0 输出端 Y				字元件数据
	M3	M2/Y2	M1/Y1	M0/Y0	
0	0	0	0	0	0
0.5	0	0	0	1	1
1	0	0	1	0	2
1.5	0	0	1	1	3
2	0	1	0	0	4
2.5	0	1	0	1	5
3	0	1	1	0	6
3.5	0	1	1	1	7

根据两者的关系编写控制程序,设计的功率调节梯形图如图 4.6.2 所示。

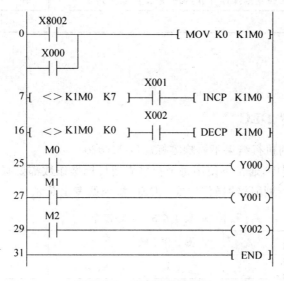

图 4.6.2　功率调节梯形图

（1）连接功率控制线路。由于负载电流较大,每个接触器的 3 个主触点可并接使用,将发热元件 R1、R2、R3 用白炽灯代替。

（2）将设计程序写入 PLC。

（3）每按一次功率增加按钮 SB2，功率增加 0.5kW，最大达到 3.5kW；每按一次功率减少按钮 SB3，功率减少 0.5kW，最终为停止加热；随时按停止按钮 SB1，则停止加热，观察指示灯的变化情况。

（4）能否运用基本指令完成功率调节程序的设计？

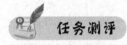 任务测评

评价内容	评价标准	分值	学生自评	教师评分
外部接线	按照电气原理图接线	10		
接线工艺	符合工艺布线标准	10		
I/O 地址分配	I/O 地址分配正确合理	10		
原理接线图	符合电气原理图的画法，每错一处扣 1 分，错误超过 5 处为 0 分	10		
程序设计	能完成控制要求 20 分，具有创新意识 10 分	30		
程序调试与运行	程序输入正确 5 分，符合控制要求 10 分，能排除故障 5 分	20		
安全操作规范	能够规范操作 5 分，物品设备摆放整齐 5 分	10		
合　计				

 知识拓展

一、减 1 指令 DEC

（1）DEC 指令的执行结果不影响零标志位 M8020。

（2）在实际控制中，通常不使用每个扫描周期目标操作数都要减 1 的连续执行方式，所以，DEC 指令经常使用脉冲操作方式。DEC 指令见表 4.6.3。

表 4.6.3　DEC 指令

减 1 指令		操 作 数	程 序 步
功能号	助记符	D	
FNC25	DEC	KnY、KnM、KnS、T、C、D、V、Z	DEC、DECP：3 步；DDEC、DDECP：5 步

二、加法指令 ADD

加法指令 ADD 的指令说明见表 4.6.4。

表 4.6.4 加法指令 ADD 的指令说明

加法指令		操 作 数
D		S1、S2	K、H、KnX、KnY、KnM、KnS、T、C、D、V、Z
P	FNC20 ADD	D	KnY、KnM、KnS、T、C、D、V、Z

加法指令 ADD 的说明如下。

(1) 加法运算是代数运算。

(2) 若相加结果为 0，则零标志位 M8020 = 1，可用来判断两个数是否为相反数。

(3) 加法指令可以进行 32 位操作。

三、减法指令 SUB

减法指令 SUB 的指令说明见表 4.6.5。

表 4.6.5 减法指令 SUB 的指令说明

减法指令		操 作 数
D		S1、S2	K、H、KnX、KnY、KnM、KnS、T、C、D、V、Z
P	FNC21 SUB	D	KnY、KnM、KnS、T、C、D、V、Z

减法指令 SUB 的说明如下。

(1) 减法运算是代数运算。

(2) 若相减结果为 0 时，则零标志位 M8020 = 1，可用来判断两个数是否相等。

(3) SUB 可以进行 32 位操作，例如指令语句：DSUB D0 D10 D20。

四、乘法指令 MUL

乘法指令的助记符和操作数见表 4.6.6。

表 4.6.6 乘法指令的助记符和操作数

乘法指令		操 作 数
D		S1、S2	K、H、KnX、KnY、KnM、KnS、T、C、D、V、Z
P	FNC22 MUL	D	KnY、KnM、KnS、T、C、D、V、Z

乘法指令 MUL 的说明如下。

(1) 乘法运算是代数运算。

(2) 16 位数乘法：源操作数 S1、S2 是 16 位，目标操作数 D 占用 32 位。

五、除法指令 DIV

除法指令的助记符和操作数见表 4.6.7。

表 4.6.7　除法指令的助记符和操作数

除法指令		操 作 数	
D	FNC23 DIV	S1、S2	K、H、KnX、KnY、KnM、KnS、T、C、D、V、Z
P		D	KnY、KnM、KnS、T、C、D、V、Z

除法指令 DIV 的说明如下。

(1) 除法运算是代数运算。

(2) 16 位数除法：源操作数 S1、S2 是 16 位，目标操作数 D 占用 32 位。除法运算的结果(商)存储在目标操作数的低 16 位，余数存储在目标操作数的高 16 位。

(3) 32 位除法：源操作数 S1、S2 是 32 位，但目标操作数却是 64 位。除法运算的结果(商)存储在目标操作数的低 32 位，余数存储在目标操作数的高 32 位。

 项目小结

1. PLC 的功能指令是一系列完成不同功能子程序的指令，主要由功能助记符和操作元件两部分组成。

2. PLC 的功能指令主要包括以下几大类：程序流向控制类指令(FNC00～FNC09)、传送与比较指令(FNC10～FNC19)、算数与逻辑运算指令(FNC20～FNC29)、循环与移位指令(FNC30～FNC39)、数据处理指令(FNC40～FNC49)和其他功能指令(FNC50～FNC98)。

3. 子程序可以嵌套调用，最多可以 5 级嵌套。

4. 使用七段编码指令 SEGD 时注意：

(1) S 为要编码的源操作组件，D 为存储七段编码的目标操作数。

(2) SEGD 指令是对 4 位二进制数编码，如果源操作组件大于 4 位，只对最低 4 位编码。

(3) SEGD 指令编码范围为十六进制数 0～9、A～F。

5. 使用比较指令 CMP/ZCP 时应注意：

(1) [S1]、[S2]可取任意数据格式，目标操作数[D]可取 Y、M 和 S。

(2) 使用 ZCP 时，[S2]的数值不能小于[S1]。

(3) 所有的源数据都被看成二进制值处理。

 达标检测

1. 请运用功能指令实现$(34X-8)/255+5$算式的运算，式子中"X"代表输入端 K2X0 送入的二进制数，运算结果送输出端 K2Y0。

2. 设有 8 盏指示灯，控制要求：X0 接通时，全部灯亮；X1 接通时，奇数灯亮；X2 接通时，偶数灯亮；X3 接通时，全部灯灭。试用功能指令完成梯形图的设计。

3. 编制一个 9s 倒计时钟，接通开关，数码显示"9"，随后每隔 1s，显示数字减 1，减到

0 时,启动蜂鸣器报警,断开控制开关停止显示。请运用功能指令完成梯形图的设计。

4. 请运用功能指令完成电动机的星三角降压启动控制设计。要求:按一下 SB1 电动机采用星形接法启动,延时 10s 后,变成三角形接法运行。按一下 SB2 电动机停止运行。

5. 请完成呼叫小车的程序设计,控制要求:在小车所停位置 SQ 的编号大于呼叫的 SB 编号时,小车往左运行至呼叫的 SB 位置后停止。当小车所停位置 SQ 的编号小于呼叫的 SB 编号时,小车往右运行至呼叫的 SB 位置后停止。小车所停位置 SQ 的编号等于呼叫的 SB 编号时,小车不动,请完成梯形图的设计。呼叫小车的运行示意图如图 4-1 所示。

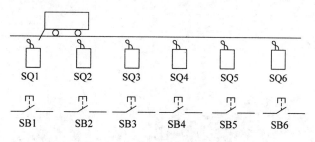

图 4-1　呼叫小车的运行示意图

6. 请完成停车场车位自动监视的程序设计。控制要求:一个 9 车位的停车场,实现车位自动监视。要求可随时显示停车场的空车位,当无空车位时,红色警告灯亮 2s 停 1s 交替闪亮。试完成梯形图的设计。

7. 应用 CMP 指令设计一个密码锁。密码锁有 X0～X10 共 9 个按钮,其中 X0～X7 为压锁按钮,用 K2X0 表示,X10 为复位键。其中 X0～X3 为第一个十六进制数,X4～X7 为第二个十六进制数。当这两个十六进制数分别为 H19 与 H46,且与 K2X0 比较为正确时,密码锁 Y0 延时 2s 打开。否则报警,报警 5s 自动停止,或按复位键停止。只有按复位键后,门锁才可重新锁定及进行开锁。

8. 请设计一个东方明珠天塔之光的程序,启动后系统会按以下规律显示:L1→L1、L2→L1、L3→L1、L4→L1、L2→L1、L2、L3、L4→L1、L8→L1、L7→L1、L6→L1、L5→L1、L8→L1、L5、L6、L7、L8→L1→L1、L2、L3、L4→L1、L2、L3、L4、L5、L6、L7、L8→L1,如此循环,周而复始。断开启动开关实现停止。天塔之光模拟图如图 4-2 所示。

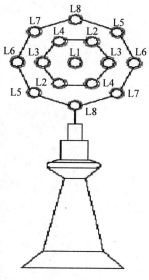

图 4-2　天塔之光模拟图

项目 5

综合实训

 项目描述

　　前面几个项目介绍的是 PLC 基本指令、步进指令和功能指令的基本应用。在很多综合生产实践中,考虑到成本问题,都会用 PLC 去控制,如化工、轻工、远程监控、机电一体化设备等都会涉及 PLC 控制。下面以生活中自动售货机和机电一体化设备为例,来和大家一起学习 PLC 的综合应用。

 知识目标

- 了解 PLC 在生产实践中的应用。
- 能运用所学 PLC 的知识设计综合的程序。

 技能目标

- 能够运用 PLC 的编程指令完成综合任务的程序设计、接线、运行和调试。
- 培养学生的综合编程能力。

 职业素养

- 培养学生的动手操作能力、分析问题和解决问题的能力。
- 培养学生安全规范操作的习惯。

任务1 自动售货机的设计

相关知识与技能点

- 掌握自动售货机的工作过程及原理。
- 了解较复杂程序的设计方法。
- 能够完成自动售货机的程序设计,并且进行程序的运行、调试。

工作任务

在大街小巷以及车站码头可以看到自动售货机,给人们的生活带来了许多方便,自动售货机如图5.1.1所示。那么,自动售货机是怎么工作的呢? 本任务就来完成自动售货机的PLC程序设计。

图 5.1.1　自动售货机

实践操作

一、分析控制要求

控制要求如下。

(1) 售货机可投入5角、1元硬币和5元、10元纸币。

(2) 所售饮料标价:可乐——2.50元、橙汁——3.00元、苹果汁——3.00元、奶茶——5.50元、牛奶——7.50元、咖啡——10.00元。

(3) 当投入的硬币和纸币总和超过所购饮料的标价时,所有可以购买饮料的指示灯均亮,做可购买提示。(如当投入的硬币总和超过2.5元,可乐按钮指示灯亮;当投入的硬币总和超过 3.00 元，可乐、橙汁、苹果汁按钮指示灯均亮；当投入的硬币和纸币总和超过 10.00 元，所有饮料按钮指示灯都亮。）

（4）当饮料按钮指示灯亮时，才可按下需要购买饮料的按钮，购买相应饮料（如当可乐按钮指示灯亮时，按可乐按钮，则可乐排出 10s 后自动停止，购买时可乐按钮指示灯闪烁）。

（5）购买饮料后，系统自动计算剩余金额，并根据剩余金额继续提示可购买饮料（指示灯亮）。

（6）若投入的硬币和纸币总和超过所消费的金额时，找余指示灯亮，按下退币按钮，就可退出多余的钱。

（7）系统退币箱中只备有 5 角、1 元硬币，退币时系统根据剩余金额首先退出 1 元硬币，1 元硬币用完后，所有找余为 5 角硬币。

二、选择器材、列 I/O 地址分配表、画控制电路原理接线图

本任务输入元件有 11 个，其中按钮需要 7 个（退币按钮、可乐按钮、橙汁按钮、苹果汁按钮、奶茶按钮、牛奶按钮、咖啡按钮）。输出元件需要 15 个，其中指示灯需要 7 个（可乐按钮指示灯、橙汁按钮指示灯、苹果汁按钮指示灯、奶茶按钮指示灯、牛奶按钮指示灯、咖啡按钮指示灯、找余指示灯），其他输出元件为可乐出口、橙汁出口、苹果汁出口、奶茶出口、牛奶出口、咖啡出口、5 角退币机构、1 元退币机构。自动售货机 I/O 地址分配见表 5.1.1，自动售货机控制电路原理接线图如图 5.1.2 所示。

表 5.1.1　自动售货机 I/O 地址分配

输入	作　用	输出	作　用
X0	退币	Y0	可乐按钮指示灯
X1	5 角硬币识别器	Y1	橙汁按钮指示灯
X2	1 元硬币识别器	Y2	苹果汁按钮指示灯
X3	5 元硬币识别器	Y3	奶茶按钮指示灯
X4	10 元硬币识别器	Y4	牛奶按钮指示灯
X10	可乐按钮	Y5	咖啡按钮指示灯
X11	橙汁按钮	Y6	5 角退币机构
X12	苹果汁按钮	Y7	1 元退币机构
X13	奶茶按钮	Y10	可乐出口
X14	牛奶按钮	Y11	橙汁出口
X15	咖啡按钮	Y12	苹果汁出口
		Y13	奶茶出口
		Y14	牛奶出口
		Y15	咖啡出口
		Y17	找余指示灯

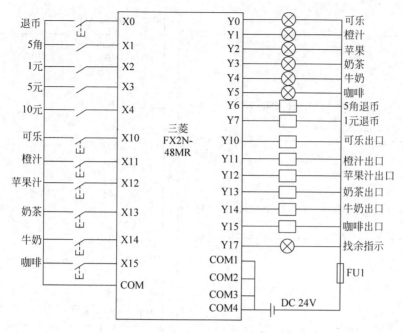

图 5.1.2　自动售货机控制电路原理接线图

三、设计梯形图

完成售货机的程序设计,主要考虑金额的计算问题,根据投币者的需求来选择不同的产品。根据对控制要求的分析,自动售货机的梯形图设计如图 5.1.3 所示。

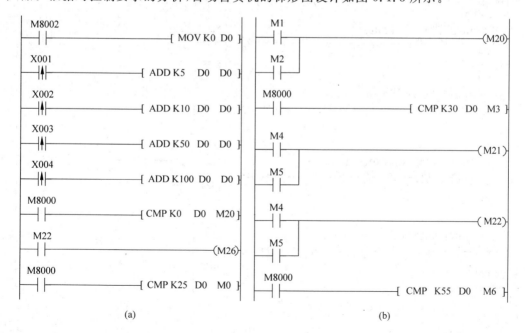

图 5.1.3　自动售货机的梯形图

图 5.1.3(续)

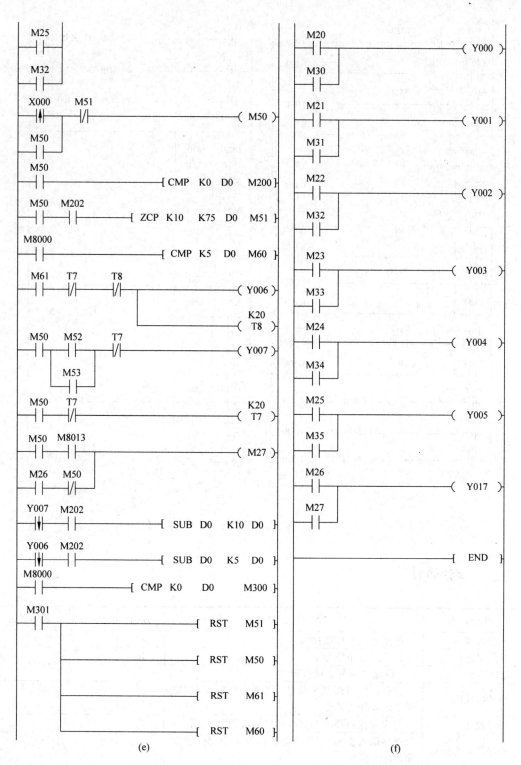

图 5.1.3(续)

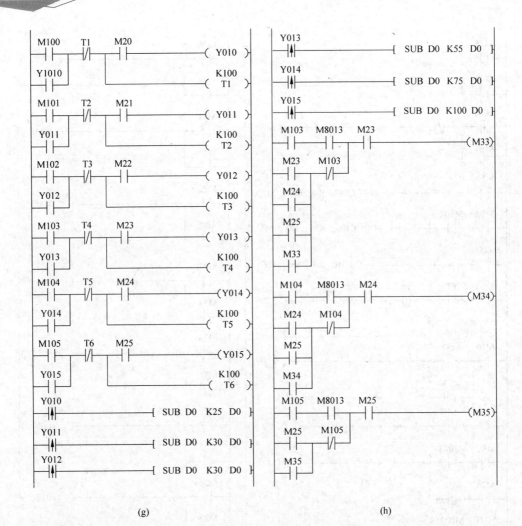

(g)   (h)

图 5.1.3(续)

任务测评

评价内容	评 价 标 准	分值	学生自评	教师评分
外部接线	按照电气原理图接线	10		
接线工艺	符合工艺布线标准	10		
I/O地址分配	I/O地址分配正确合理	10		
原理接线图	符合电气原理图的画法,每错一处扣1分,错误超过5处为0分	10		
程序设计	能完成控制要求20分,具有创新意识10分	30		
程序调试与运行	程序输入正确5分,符合控制要求10分,能排除故障5分	20		
安全操作规范	能够规范操作5分,物品设备摆放整齐5分	10		
合　计				

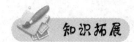

复杂程序的设计方法

实际的 PLC 应用系统往往比较复杂,复杂系统不仅需要的 PLC 输入/输出点数多,而且为了满足生产的需要,很多工业设备都需要设置多种不同的工作方式,常见的有手动和自动(连续、单周期、单步)等工作方式。

一、程序设计思路与步骤

1. 确定程序的总体结构

将系统的程序按工作方式和功能分成若干部分,用工作方式、功能的选择信号作为跳转的条件。确定了系统程序的结构形式,然后分别对每一部分程序进行设计。

2. 分别设计局部程序

应用程序和手动程序相对较为简单,一般采用经验设计法进行设计;自动程序相对比较复杂,对于顺序控制系统一般采用顺序控制设计法,先画出其自动工作过程的功能表图,再选择某种编程方式来设计梯形图程序。

3. 程序的综合与调试

进一步理顺各部分程序之间的相互关系,并进行程序的调试。

二、PLC 程序内容和质量

1. PLC 程序的内容

PLC 应用程序应最大限度地满足被控对象的控制要求,在构思程序主体的框架后,要以它为主线,逐一编写实现各控制功能或各子任务的程序。经过不断地调整和完善,使程序能完成所要求的控制功能。

（1）初始化程序

在 PLC 上电后,一般都要做一些初始化的操作。其作用是为启动做必要的准备,并避免系统发生误动作。初始化程序的主要内容为：将某些数据区、计数器进行清零;使某些数据区恢复所需数据;对某些输出量置位或复位;显示某些初始状态等。

（2）检测、故障诊断、显示程序

应用程序一般都设有检测、故障诊断和显示程序等内容。这些内容可以在程序设计基本完成时再进行添加,也可以是相对独立的程序段。

（3）保护、联锁程序

各种应用程序中,保护和联锁是不可缺少的部分。它可以杜绝由于非法操作而引起的控制逻辑混乱,保证系统的运行更安全、可靠。因此,要认真考虑保护和联锁的问题,通常在 PLC 外部设置联锁和保护措施。

2. PLC 程序的质量

程序的质量可以出以下几个方面来衡量。

（1）程序的正确性

应用程序的好坏，最关键的就是程序编写正确。正确的程序必须能经得起系统运行实践的考验，离开这一条对程序所做的评价都是没有意义的。

（2）程序的可靠性好

保证系统在正常和非正常工作条件下都能安全可靠地运行，也能保证在出现非法操作等情况下不至于出现系统控制失误。

（3）参数的易调整性好

PLC 控制的优越性之一就是灵活性好，容易通过修改程序或参数而改变系统的某些功能，在设计程序时必须考虑怎样编写才易于修改。

（4）程序要简练、可读性好

编写的程序应尽可能简练，减少程序的语句，一般可以减少程序扫描时间，提高 PLC 对输入信号的响应速度。

三、PLC 程序的调试

PLC 程序的调试可以分为模拟调试和现场调试两个调试过程，在此之前对 PLC 外部接线做仔细检查，这一个环节非常重要。外部接线一定要准确无误，也可以用事先编写好的试验程序对外部接线做扫描通电检查来查找接线故障。不过，为了安全考虑，最好将主电路断开，当确认接线无误后再连接主电路，将模拟调试好的程序送入用户存储器进行调试，直到各部分的功能正常，协调一致地完成整体的控制为止。

任务 2　机电一体化设备组装与调试的控制

相关知识与技能点

- 掌握机电一体化设备的组成及工作过程。
- 熟悉变频器简单参数的设置方法。
- 掌握传感器在生活中的应用。
- 能够完成机电一体化设备的组装和程序的设计，并且进行程序运行、调试。

工作任务

近几年来 PLC 在全国技能大赛机电一体化设备组装与调试项目中应用越来越广泛，如图 5.2.1 所示为亚龙 235A 实训装置，此设备为全国技能大赛机电一体化设备组装与调试项目的专用设备，该设备是由 PLC 控制其工作的，本任务就来完成一个赛题的程序设计。

图 5.2.1 亚龙 235A 实训装置

一、分析试题内容

1. 一体化实训设备介绍

机电一体化实训考核装置由铝合金导轨式实训台、上料机构、上料检测机构、搬运机构、物料传送和分拣机构等组成。上料机构、上料检测机构、搬运机构的实物图如图 5.2.2 所示。

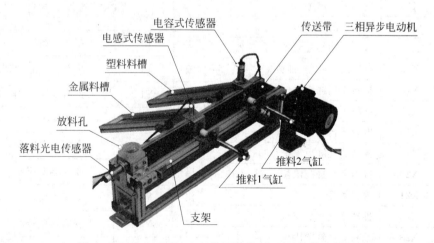

图 5.2.2 上料机构、上料检测机构、搬运机构的实物图

物料传送和分拣机构的组成由传送带、料仓、三相异步电动机、推料气缸、支架等组成。物料传送和分拣机构如图 5.2.3 所示。

图 5.2.3　物料传送和分拣机构

2. I/O 地址分配表

任务的 I/O 输入地址分配见表 5.2.1,I/O 输出地址分配见表 5.2.2。

表 5.2.1　I/O 输入地址分配

序号	输入地址	说　明
1	X0	启动
2	X1	停止
3	X2	伸出臂前点
4	X3	缩回臂后点
5	X4	提升气缸上限位
6	X5	提升气缸下限位
7	X6	旋转左限位(接近)
8	X7	旋转右限位(接近)
9	X10	气动手爪传感器
10	X11	物料检测(光电)
11	X12	传送带物料检测光电传感器
12	X13	电感式传感器(推料1)
13	X14	推料1气缸后限位
14	X15	推料1气缸前限位
15	X16	电容式传感器(推料2)
16	X17	推料2气缸后限位
17	X20	推料2气缸前限位
18	X21	报警解除
19	X22	推料3气缸后限位
20	X23	推料3气缸前限位
21	X24	紧急停止
22	X25	原点复位

表 5.2.2　I/O 输出地址分配

序号	输出地址	说　明
1	Y0	臂气缸伸出
2	Y1	臂气缸返回
3	Y2	提升气缸下降
4	Y3	提升气缸上升
5	Y4	旋转气缸正(右)转
6	Y5	旋转气缸反转
7	Y6	手爪夹紧
8	Y7	手爪打开
9	Y10	驱动电动机
10	Y11	推料1气缸(推出)
11	Y12	推料2气缸(推出)
12	Y13	报警输出
13	Y14	变频器高速度
14	Y15	变频器低速度
15	Y16	变频器反转
16	Y20	变频器正转
17	Y21	启动指示
18	Y22	停止指示

二、气动系统图

气动系统如图 5.2.4 所示。

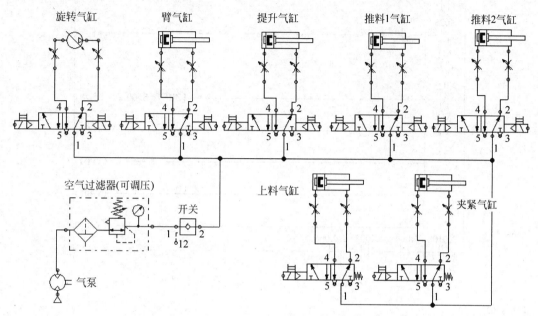

图 5.2.4 气动系统

三、编写 PLC 控制程序

1. 原点复位、启动、停止

X25 闭合系统原点复位(M1),机械手爪松开(Y7),提升气缸上升(Y3)、臂气缸返回(Y1),机械手停止在左侧(Y5)的极限位置,皮带输送机拖动电动机停转,单出活塞杆缩回,警示灯组没有发光的警示灯,皮带输送机静止不动;当符合原点位置要求时(M2),按下启动按钮 SB5(X0),工作绿灯亮(Y21),系统启动;如果在运行状态中,尚未按下过停止按钮 SB6(X1),则系统继续循环(S501),按下停止按钮 SB6(X1),完成当前的物料分拣,推料气缸的活塞杆缩回后,系统停止(S0)。原点复位、启动、停止梯形图如图 5.2.5 所示。

2. 给料、机械手动作过程

按下启动按钮 SB5(X0),工作绿灯亮(Y21),送料拨杆运行(Y10),物件放置台的光电传感器(X11)检测到有零件时,气动机械手悬臂伸出(Y0)→手臂下降(Y2)→气爪将工件夹紧(Y6)后,手臂上升(Y3)→悬臂缩回(Y1)→转动(Y4)至右侧极限位置(X3)→然后悬臂伸出(Y0)→手臂下降(Y2)→气爪放松(Y7),通过进料孔将工件放到皮带输送机的传送带上。机械手放下夹持的工件后,手臂上升(Y3)→悬臂缩回(Y1)→转动(Y5)至左侧极限位置停止。

给料、机械手动作梯形图如图 5.2.6 所示。

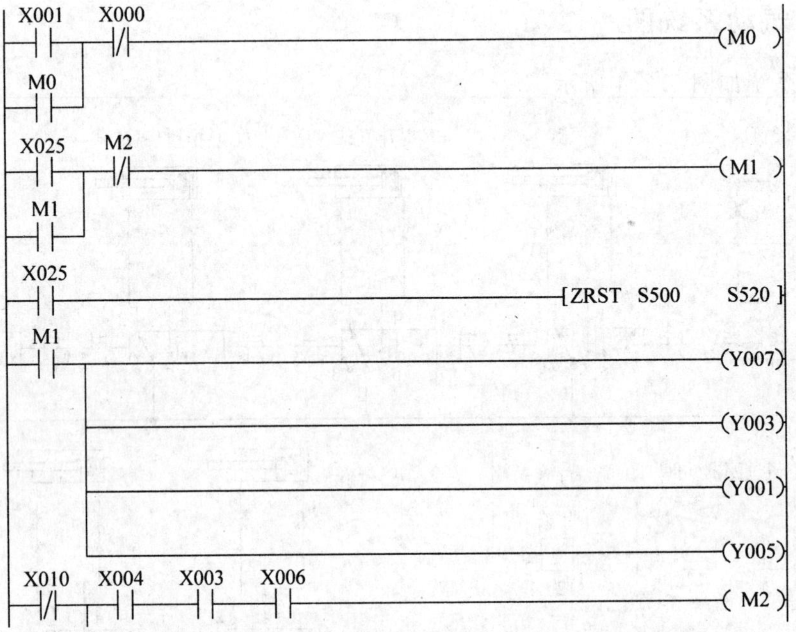

图 5.2.5　原点复位、启动、停止梯形图

图 5.2.6　给料、机械手动作梯形图

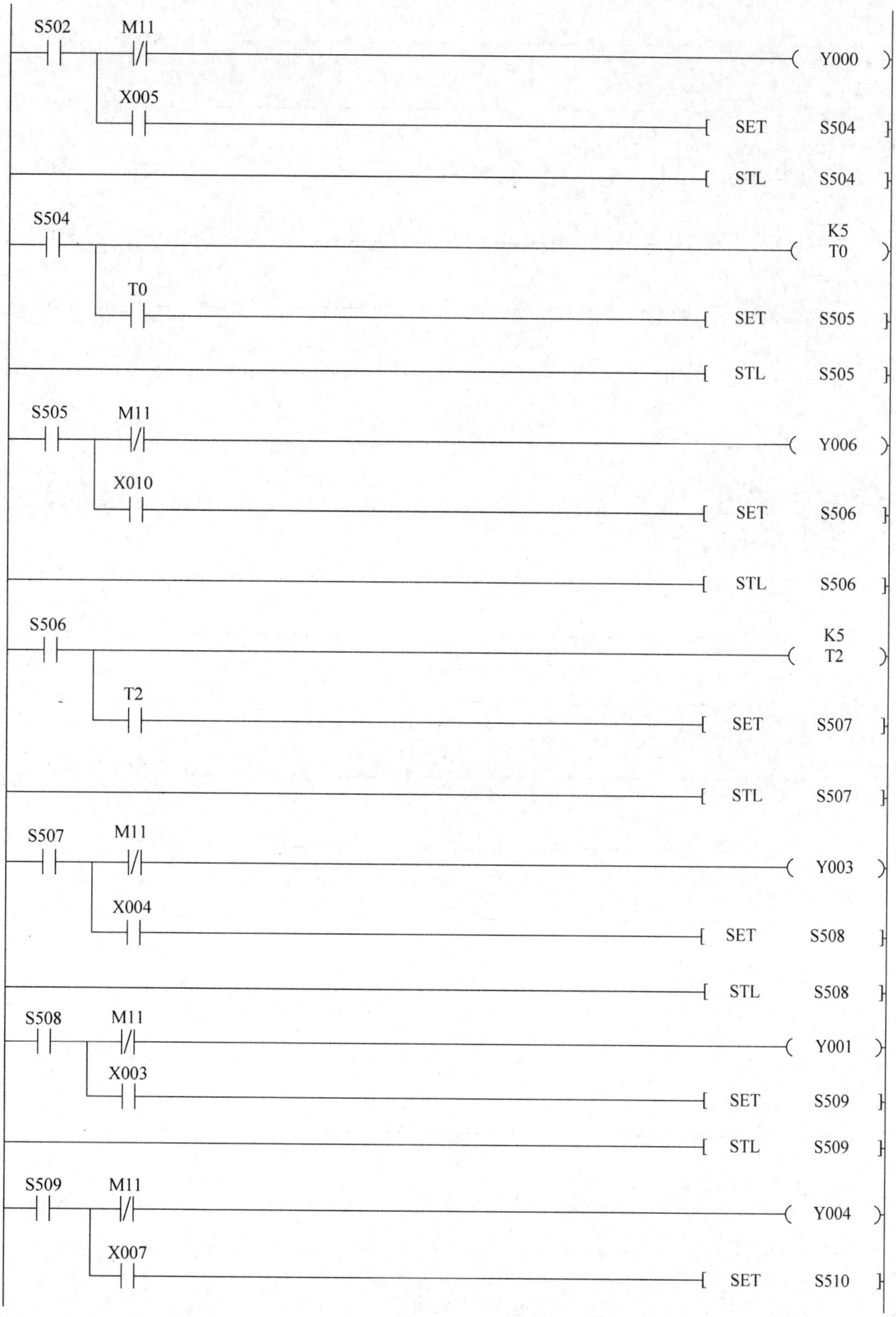

```
  S502      M11
├──┤├──────┤/├────────────────────────────────────( Y000 )

            X005
           ──┤├───────────────────────────────────[ SET    S504 ]

                                                   [ STL    S504 ]

  S504                                                      K5
├──┤├──────────────────────────────────────────────( T0   )

            T0
           ──┤├───────────────────────────────────[ SET    S505 ]

                                                   [ STL    S505 ]

  S505      M11
├──┤├──────┤/├────────────────────────────────────( Y006 )

            X010
           ──┤├───────────────────────────────────[ SET    S506 ]

                                                   [ STL    S506 ]

  S506                                                      K5
├──┤├──────────────────────────────────────────────( T2   )

            T2
           ──┤├───────────────────────────────────[ SET    S507 ]

                                                   [ STL    S507 ]

  S507      M11
├──┤├──────┤/├────────────────────────────────────( Y003 )

            X004
           ──┤├───────────────────────────────────[ SET    S508 ]

                                                   [ STL    S508 ]

  S508      M11
├──┤├──────┤/├────────────────────────────────────( Y001 )

            X003
           ──┤├───────────────────────────────────[ SET    S509 ]

                                                   [ STL    S509 ]

  S509      M11
├──┤├──────┤/├────────────────────────────────────( Y004 )

            X007
           ──┤├───────────────────────────────────[ SET    S510 ]
```

图 5.2.6(续)

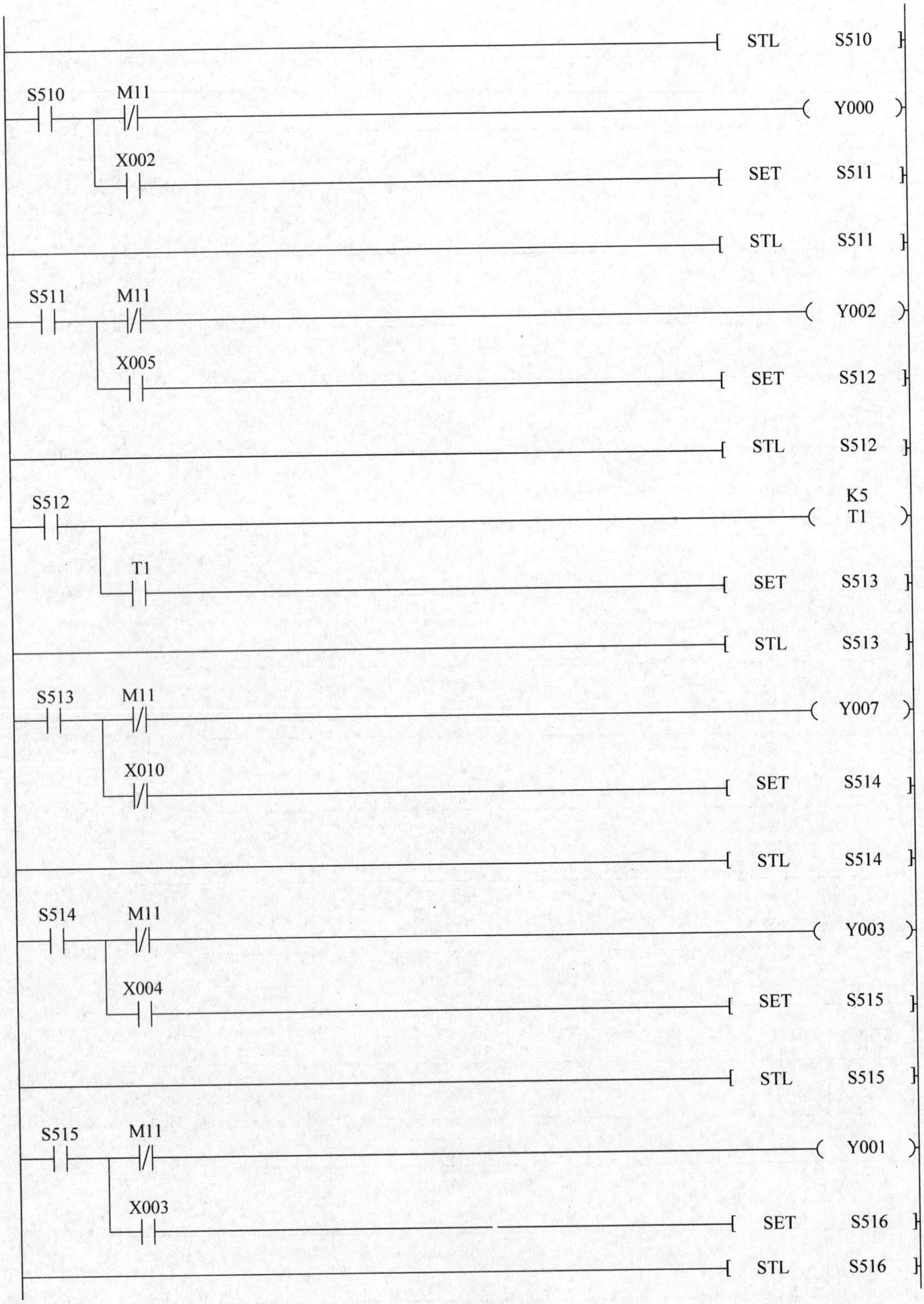

```
                                                    ─[ STL    S510 ]─

 S510    M11
 ─┤├──┬──┤/├────────────────────────────────────────( Y000 )─
      │
      │  X002
      └──┤├───────────────────────────────────────[ SET    S511 ]─

                                                    ─[ STL    S511 ]─

 S511    M11
 ─┤├──┬──┤/├────────────────────────────────────────( Y002 )─
      │
      │  X005
      └──┤├───────────────────────────────────────[ SET    S512 ]─

                                                    ─[ STL    S512 ]─

 S512                                                        K5
 ─┤├──┬─────────────────────────────────────────────( T1 )─
      │
      │  T1
      └──┤├───────────────────────────────────────[ SET    S513 ]─

                                                    ─[ STL    S513 ]─

 S513    M11
 ─┤├──┬──┤/├────────────────────────────────────────( Y007 )─
      │
      │  X010
      └──┤/├───────────────────────────────────────[ SET    S514 ]─

                                                    ─[ STL    S514 ]─

 S514    M11
 ─┤├──┬──┤/├────────────────────────────────────────( Y003 )─
      │
      │  X004
      └──┤├───────────────────────────────────────[ SET    S515 ]─

                                                    ─[ STL    S515 ]─

 S515    M11
 ─┤├──┬──┤/├────────────────────────────────────────( Y001 )─
      │
      │  X003
      └──┤├───────────────────────────────────────[ SET    S516 ]─

                                                    ─[ STL    S516 ]─
```

图 5.2.6(续)

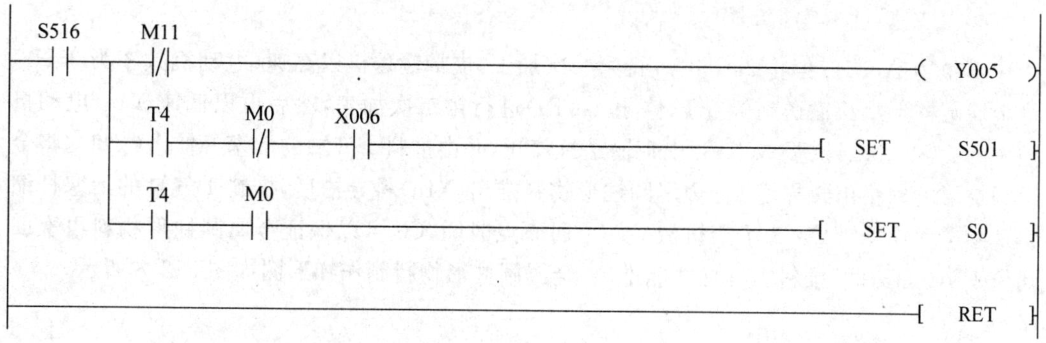

```
  S516      M11
 ──┤├──────┤/├──────────────────────────────────( Y005 )

            T4        M0       X006
           ──┤├──────┤/├──────┤├───────────[ SET    S501 ]

            T4        M0
           ──┤├──────┤/├──────────────────[ SET    S0 ]

                                            [ RET ]
```

图 5.2.6(续)

3. 皮带输送机启动

当皮带输送机进料孔位置的光电传感器(X12)检测到零件后,皮带输送机以高速 Y14(电动机频率为 35Hz)启动(Y20),皮带输送机启动梯形图如图 5.2.7 所示。

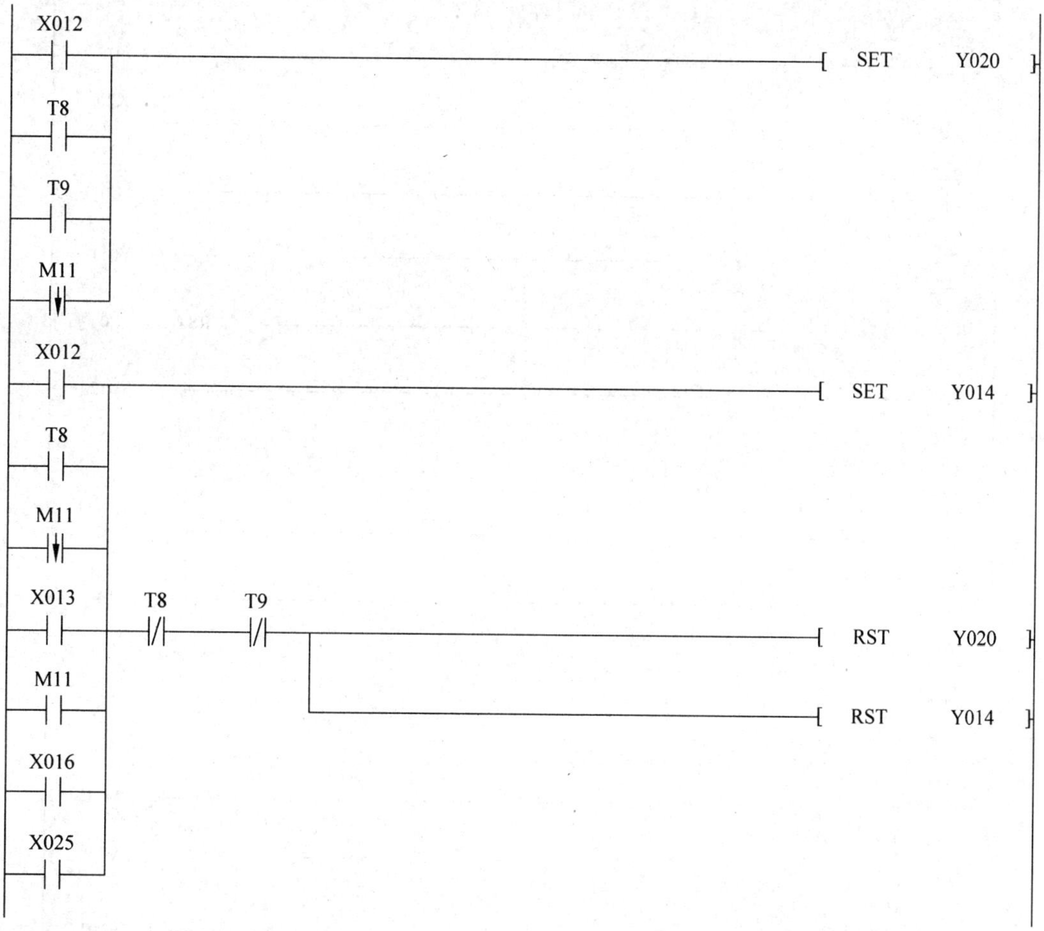

```
 X012
──┤├──────────────────────────────────────[ SET    Y020 ]
 T8
──┤├──
 T9
──┤├──
 M11
──┤↓├──

 X012
──┤├──────────────────────────────────────[ SET    Y014 ]
 T8
──┤├──
 M11
──┤↓├──

 X013     T8        T9
──┤├──────┤/├──────┤/├─────────────────────[ RST    Y020 ]
 M11
──┤├──────────────────────────────────────[ RST    Y014 ]
 X016
──┤├──
 X025
──┤├──
```

图 5.2.7 皮带输送机启动梯形图

4. 金属圆柱形物料制作过程

在位置 A(X13)停止 2s(T8)进行第一次加工，皮带输送机以高速(电动机频率为 35Hz)将金属圆柱形物料输送到位置 B，停止 4s(T9)进行第二次加工，然后再以低速 Y15(电动机频率为 20Hz)送回位置 A(X13)皮带输送机停止，并由推料 1 气缸的活塞杆伸出(Y11)，将金属圆柱形物料推出料导槽 1。金属圆柱形物料推出(X15)料导槽后，推料 1 气缸的活塞杆缩回。参考程序中 T4 是为了给机械手一个回原点时间，C0 可以保证金属圆柱形物料再次回到位置 A(X13)时，推料 1 气缸才能推出，金属圆柱形物料制作梯形图如图 5.2.8 所示。

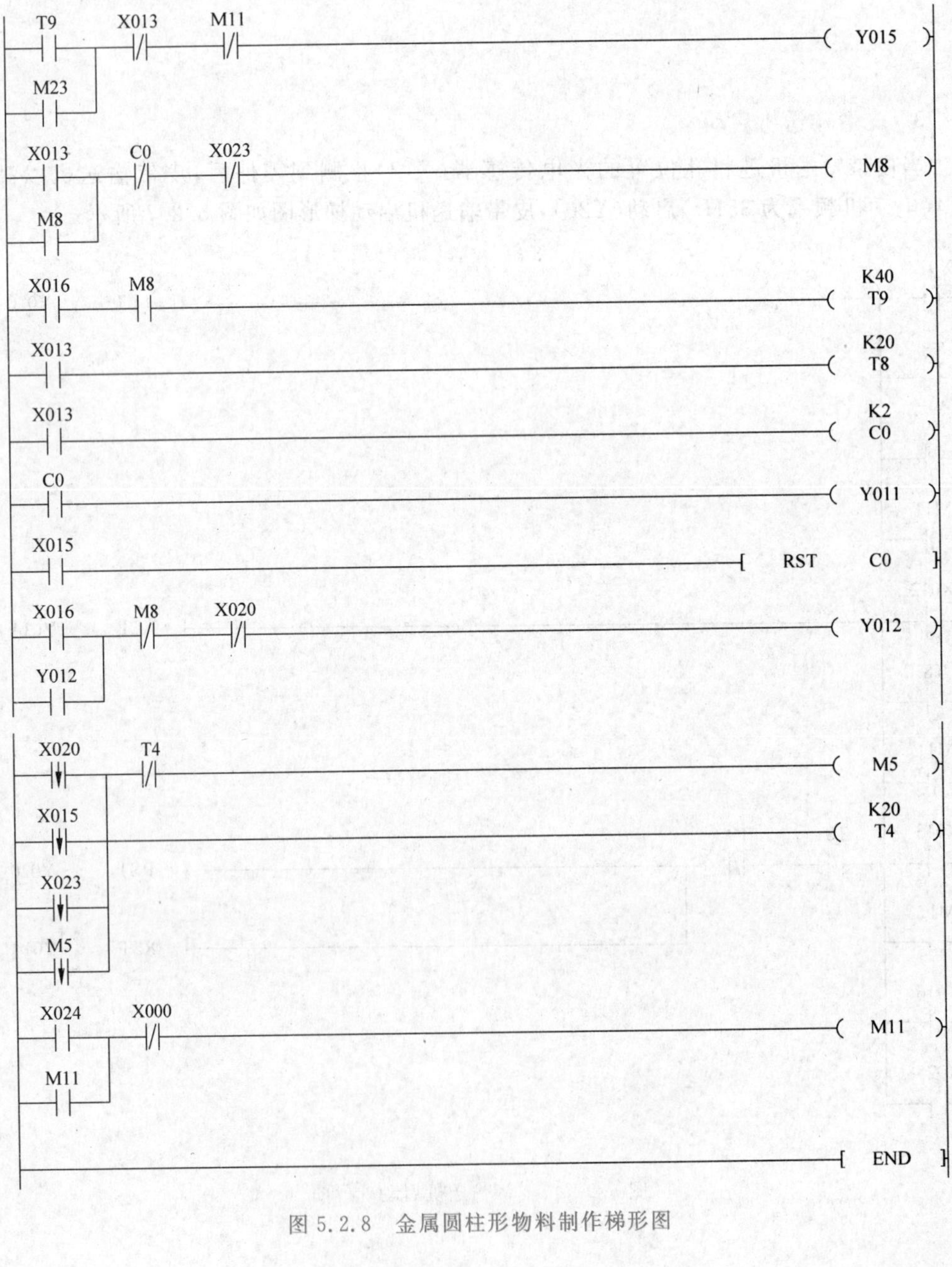

图 5.2.8　金属圆柱形物料制作梯形图

5. 系统的保护功能要求

(1) 断电时的保护

S 采用 S500 以上，具有断电保持功能。

(2) 机械保护

当启动后，皮带输送机上(X21)20s 无物料时蜂鸣器按每秒一次进行报警，直到 SB4 (X21)解除故障或有料后才停止报警，机械保护梯形图如图 5.2.9 所示。

```
X000    X012    X021
 ├─┤ ├──┬──┤/├────┤/├──────────────────────────────( M10 )
         │
X011     │
 ├─┤ ├───┤
         │                                            K200
M10      │                                    ────────( T10 )
 ├─┤ ├───┘

T10     M3013
 ├─┤ ├──┤ ├──────────────────────────────────────────( Y014 )
```

图 5.2.9　机械保护梯形图

(3) 紧急停止

若因突发故障需进行急停，则需按下急停按钮 X24(按下后锁死)，此时设备立即停止。若按下启动按钮，系统为步进工作，松开急停按钮，按下启动按钮(X0)后设备按原来的流程完成剩下的工作。

四、设置变频器参数

1. 三菱 E540-0.75kW 变频器外部接线

变频器外部接线如图 5.2.10 所示，按键说明如图 5.2.11 所示。

2. 设置参数

参数设置见表 5.2.3。

表 5.2.3　参数设置

序号	参数代号	参数值	说　　明
1	P4	35	高速
2	P5	20	中速
3	P6	11	低速
4	P7	5	加速时间
5	P8	5	减速时间
6	P14	0	恒转矩负载
7	P79	2	电动机控制模式
8	P80	默认	电动机的额定功率
9	P82	默认	电动机的额定电流
10	P83	默认	电动机的额定电压
11	P84	默认	电动机的额定频率

• **3相400V电源输入**

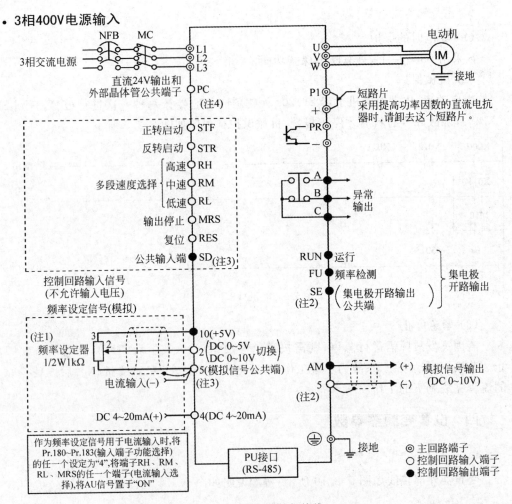

图 5.2.10　变频器外部接线

盖板打开状态

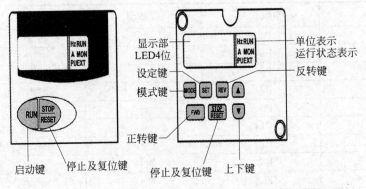

图 5.2.11　按键说明

巩固训练

(1) 根据控制要求进行部件组装、气路连接、电路连接。

(2) 设计控制程序,将程序传到 PLC 主机,进行调试。

(3) 按下启动按钮,放上元件,观察工件是否在规定位置按组合要求及优先顺序推出分拣。

(4) 按下停止按钮,观察是否按照控制要求进行停止。

(5) 采用其他相关功能指令,进行机电一体化设备组装与调试的程序设计。

任务测评

一、部件组装、气路连接、电路连接、电路图部分评分表

项目	项目配分	评分点	配分	扣分说明	得分	项目得分
部件组装及测试	24	皮带输送机	6	输送机、接料口高度差超过±1mm,扣1分/mm,到边上距离差超过±1mm,扣1分/处		
		机械手装置	8	机械手组装后不能工作,扣6分,每个动作扣1.5分;组装后机械手与立柱明显不垂直,扣3分;装置安装尺寸误差超过±1mm,扣1分/处		
		处理盘	1	安装尺寸误差超过±1mm,扣1分/处		
		气源组件	1	安装尺寸误差超过±1mm,扣0.5分/处		
		皮带机测试	8	不能正确进行调速电位器接线,扣1.5分。不能设定上、下限频率,各1.5分。皮带机在下限频率不能启动扣1.5分。60Hz时打滑或晃动严重扣2分		
气路连接	9	元件选择	2	气缸用电磁阀与图纸不符,扣0.5分/处		
		气路连接	5	漏接、脱落、漏气,扣0.5分/处,但漏气严重不能工作扣4分,本栏最多扣5分		
		气路工艺	2	布局不合理扣1分;零乱,扣1分;长度不合理,没有绑扎,扣1分		
电路连接	8	元件选择	2	元件选择与试题要求不符,扣0.5分/处,最多扣2分		
		连接工艺	3	连接不牢、露铜超过2mm,同一接线端子上连接导线超2条,扣0.5分/处,最多扣3分		
		编号管	3	自己连接的导线未套编号管,扣0.2分/处,最多扣4分;套管不标号,扣0.1分/处,最多扣2分		
电路图	9	制图规范	2	制图草率,手工画图扣2分		
		元件使用	2	元件选择与试题要求不符,扣0.5分/处,最多扣2分		
		图形符号	2	图形符号不按统一的规定,扣0.5分/处,最多扣2分,没有元件说明,扣0.2分/处		
		原理正确	3	不能实现要求的功能、可能造成设备或元件损坏,漏画元件,扣1分/处,最多扣3分		

二、功能评分表

项目	项目配分	评分点	配分	扣分说明	得分	项目得分
部件初始位置和启动	12	部件初始位置	4	不在初始位置时,不能执行复位操作扣3分;复位步骤不当扣2分。警示灯闪亮不合要求,扣1分。在初始位置按 SB6,HL1 闪亮不符合要求,扣1分		
		启动	3	按下启动按钮,电动机转动方向和速度不符合要求各扣1.5分;HL2 不亮,扣1分		
		放上元件	2	元件不能到达位置 B,扣2分;皮带输送机速度不符合要求扣1分		
		元件加工	3	元件在位置 C 停留时间不满足要求,各扣1分		
元件分拣	19	工件在规定位置按组合要求及优先顺序推出	11	不能在规定的位置推出或送出(位置 A、B、C),每工件每位置不符合要求扣1.5分;不能对中推出,扣1分;推入后电动机不启动,扣1.5分;启动后电动机转速不对,扣1分		
		机械手动作	4	不符合要求,每处扣1分		
		机械手抓取工件	2	抓不住件,扣2分,歪斜不正扣1分		
		处理盘工作	2	不转动或不停止扣2分,转动时间不符合要求,每处扣1分		
停止	3	自动停止	1	不能按预置套数要求自动停止扣1分		
		手动停止及数据清除	2	按下 SB6,设备不能停止,扣2分;不能按要求停止,扣1分/处,最多扣2分		
意外情况处理	6	突然断电	6	断电前正在加工的工件不能在恢复供电后正确推出扣2分;其余情况下,不能保持停电瞬间状态,恢复供电自行启动或按 SB5 后不能按要求继续运行,各扣2分;HL2 不能按要求亮,扣1分		

三、安全操作扣分表

安全操作占 10 分,不满足安全操作要求,按下表扣分。

序号	考核项目	考核要求	配分	评分标准	扣分
1		完成工作任务的所有操作是否符合安全操作规程	5	符合要求5分,基本符合要求3分,一般1分(同时可一项否决)	
2	职业与安全意识	工具摆放、包装物品、导线线头等的处理,是否符合职业岗位的要求	3	符合要求3分,有2处错1分,2处以上错0分	
3		遵守赛场纪律,爱惜赛场的设备和器材,保持工位的整洁	2	做到得2分,未做到扣2分	
4	违规	违规从参赛成绩中扣分		电路短路扣30分,设备部件松动使设备不能正常工作扣10分,不符合职业规范的行为,视情节扣5~10分	

认识各种传感器

传感器(Transducer/Sensor)是一种检测装置,能感受到被测量的信息,并能将感受到的信息,按一定规律变换为电信号或其他所需形式的信息输出,以满足信息的传输、处理、存储、显示、记录和控制等要求。常见的传感器如图 5.2.12 所示。

(a) 变频功率传感器

(b) 热电阻传感器

(c) 激光传感器

(d) 霍尔传感器

(e) 温度传感器

(f) 智能传感器

(g) 生物传感器

(h) 视觉传感器

(i) 位移传感器

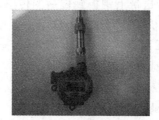

(j) 一体化温度传感器

图 5.2.12 常见的传感器

项目小结

1. 程序设计思路与步骤

确定程序的总体结构,分别设计局部程序,然后进行程序的综合调试。

2. PLC 程序的内容

初始化程序,检测、故障诊断、显示程序,保护、联锁程序。

3. PLC 程序的质量

程序的正确性,程序的可靠性好,参数的易调整性好,程序要简练、可读性好。

4. PLC 程序的调试

模拟调试和现场调试两个调试过程。

达标检测

1. 请完成四层电梯的程序设计,控制要求:电梯由安装在各楼层厅门口的上升和下降呼叫按钮进行呼叫操纵,其操纵内容为电梯运行方向。电梯轿厢内设有楼层内选按钮 S1~S4,用以选择需停靠的楼层。L1 为一层指示、L2 为二层指示、L3 为三层指示、L4 为四层指示,SQ1~SQ4 为到位行程开关。电梯上升途中只响应上升呼叫,下降途中只响应下降呼叫,任何反方向的呼叫均无效。例如,电梯停在一层,在三层轿厢外呼叫时,必须按三层上升呼叫按钮,电梯才响应呼叫(从一层运行到三层),按三层下降呼叫按钮无效;反之,若电梯停在四层,在三层轿厢外呼叫时,必须按三层下降呼叫按钮,电梯才响应呼叫(从四层运行到三层),按三层上升呼叫按钮无效,以此类推。试完成 I/O 地址分配表、原理接线图和梯形图的设计。

2. PLC 控制变频器多级调速设计,变频器的输出最高频率不要超过电动机的额定运转频率。开关 S1 闭合,电动机开始运行,变频器的输出频率每隔 2s 变换一次,且频率以 5Hz、10Hz、15Hz、20Hz、25Hz、30Hz、35Hz 为一个运行周期而反复运行,断开 S1 电动机停止运转。试根据控制要求设计程序。

3. 用 PLC 设计自动轧钢机系统,当启动按钮按下,电动机 M1、M2 运行,传送钢板,检测传送带上钢板的传感器 S1 有信号(S1 为 ON),表示有钢板,则电动机 M3 正转,S1 信号消失(S1 为 OFF),检测传送带上钢板到位后的传感器 S2 有信号(S2 为 ON)表示钢板到位,电磁阀 Y2 动作,电动机反转,Y1 给一向下压下量,S2 信号消失,S2 有信号,电动机 M3 反转,S1 的信号消失,重复直至 Y1 给出三个向下压下量后,若 S2 有信号,则停机,完成一次轧钢,试设计 I/O 地址分配表及梯形图。

4. 加工中心刀具库选刀控制,控制要求如下。

(1) 按请求信号,PLC 记录请求刀号。

(2) 刀具盘按照某一方向运转,到位复合后,显示到位指示。

(3) 机械手开始换刀,显示换刀指示灯亮 6s 后结束,等待请求。

（4）换刀过程中，其他请求信号均视为无效。

输入控制：SIN1～SIN4——4 个刀具到位信号开关，SB1～SB4——四刀具选刀请求控制。

输出控制：顺——电动机正转选刀，逆——电动机反转选刀，到位——到位指示，换刀——机械手换刀。

试根据控制要求设计程序。

5. 某生产线生产金属圆柱形和塑料圆柱形两种元件，该生产线分拣设备的任务是将金属元件、白色塑料元件和黑色塑料元件进行加工、分拣、组合。生产线分拣设备各部分的名称如图 5-1 所示，气动机械手各部分的名称如图 5-2 所示。

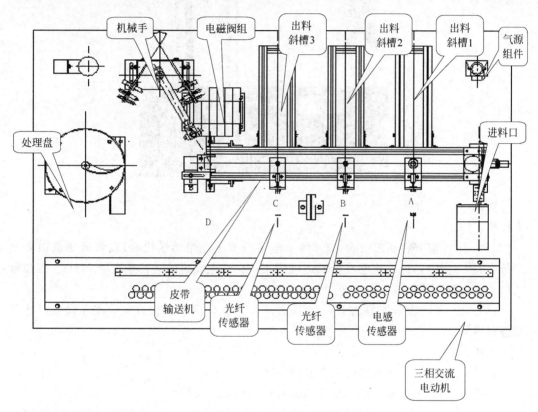

图 5-1　生产线分拣设备

控制要求如下。

（1）启动前，机械手的悬臂靠在右限止位置，手臂气缸的活塞杆缩回，手指松开。位置 A、B、C 的气缸活塞杆缩回。处理盘、皮带输送机的拖动电动机不转动。上述部件在初始位置时，指示灯 HL1 以亮 1s 灭 2s 方式闪亮。只有上述部件在初始位置时，设备才能启动。若上述部件不在初始位置，指示灯 HL1 不亮，请自行选择一种复位方式进行复位。

（2）接通设备的工作电源，工作台上的红色警示灯闪亮，指示电源正常。

① 启动。按下启动按钮 SB5，设备启动。皮带输送机按由位置 A 向位置 D 的方向高速运行，拖动皮带输送机的三相交流电动机的运行频率为 35Hz。指示灯 HL1 由闪亮变

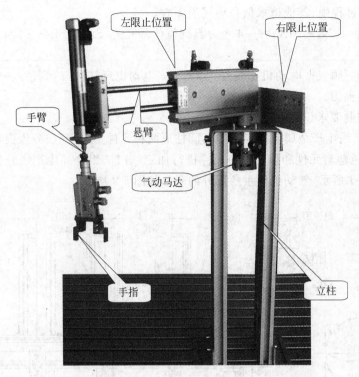

图 5-2　气动机械手

为长亮。

　　② 工作。按下启动按钮后,当元件从进料口放上皮带输送机时,皮带输送机由高速运行变为中速运行,此时拖动皮带输送机的三相交流电动机的运行频率为 25Hz。皮带输送机上的元件到达位置 C 时停止 3s 进行加工。

　　(3) 元件在位置 C 完成加工后,有两种工作方式。两种工作方式只能在设备停止状态进行转换。

　　工作方式一:

　　转换开关 SA1 转换旋钮在左位置,按工作方式一进行。

　　完成加工后,皮带输送机以中速将元件输送到规定位置。

　　若完成加工的是金属元件,则送达位置 A,皮带输送机停止,由位置 A 的气缸活塞杆伸出将金属元件推进出料斜槽 1,然后气缸活塞杆自动缩回复位。

　　若完成加工的是白色塑料元件,则加工完成后送达位置 B,皮带输送机停止,由位置 B 的气缸活塞杆伸出将白色塑料元件推进出料斜槽 2,然后气缸活塞杆自动缩回复位。

　　若加工的元件是黑色塑料元件,则加工完成后送达位置 D,皮带输送机停止。机械手悬臂伸出→手臂下降→手指合拢抓取元件→手臂上升→悬臂缩回→机械手向左转动→悬臂伸出→手指松开,元件掉在处理盘内→悬臂缩回→机械手转回原位后停止。元件掉入处理盘后,不要求直流电动机转动。

　　在位置 A 与 B 的气缸活塞杆复位和位置 D 的元件搬走后,三相交流电动机的运行频率改变为 35Hz 转动,拖动皮带输送机由位置 A 向位置 D 运行。这时才可向皮带输送机上放入下一个待加工元件。

工作方式二：

转换开关 SA1 转换旋钮在右位置，按工作方式二进行。在工作方式二，黑色塑料元件被假定为不合格元件。按工作方式二进行时：

① 对合格的元件，推入出料斜槽 1 和出料斜槽 2 的第一个元件必须是金属元件，第二个为白色塑料元件；元件在到达被推出位置时，皮带输送机应停止运行，然后气缸活塞杆伸出，将元件推入出料斜槽。气缸活塞杆缩回后，皮带输送机又高速运行，到元件放上皮带输送机变为中速运行。

② 将 1 个金属元件和 1 个白色塑料元件推入出料斜槽 1（或出料斜槽 2），两个元件组合后进行包装。在此期间又将 1 个金属元件和 1 个白色塑料元件推入出料斜槽 2（或出料斜槽 1）。

③ 在一个出料斜槽对元件组合、包装期间，另一个出料斜槽则推入元件，这样自动交替地进行下去，直到按下停止按钮。

④ 加工后的元件，推入出料斜槽 1 和出料斜槽 2 的元件不能保证第一个是金属、第二个是白色塑料时，则由位置 C 的气缸推入出料斜槽 3。

⑤ 对不合格元件（黑色塑料元件），则送到位置 D。在元件到达位置 D，皮带输送机停止运行。机械手悬臂伸出→手臂下降→手指合拢抓取元件→手臂上升→悬臂缩回→机械手向左转动→悬臂伸出→手指松开，元件掉在处理盘内→悬臂缩回→机械手转回原位后停止。黑色塑料元件掉进处理盘时，直流电动机启动，转动 3s 后停止。

（4）停止。按下停止按钮 SB6 时，应将当前元件送到规定位置并使相应的部件复位后，设备才能停止。设备在重新启动之前，应将出料斜槽和处理盘中的元件拿走。

（5）设备的意外情况。

① 突然断电。发生突然断电的意外时，应保持各处在断电瞬间的状态。恢复供电，指示灯 HL1 按 3 次/秒的方式闪亮，按下继续运行按钮 SB4，设备从断电瞬间保持的状态开始，按原来的方式和程序继续运行，同时指示灯 HL1 变为长亮。

② 连续出现不合格元件。在工作过程中，若连续出现 3 个不合格元件（黑色塑料元件），则在第 3 个不合格塑料件被处理盘处理完，且设备返回初始位置后，设备停止工作，报警器以声响报警。按下停止按钮 SB6 可解除报警。只有报警解除后，系统才可重新启动。

请完成 I/O 地址分配表、原理接线图和梯形图的设计。

附录 1　FX2N 系列 PLC 基本指令总表

指令助记符名称	功　能	电 路 表 示	操作元件	程序步
LD 取	触点运算开始	XYMSTC ├┤ ├──(YMS)┤	X、Y、M、S、T、C	1
LDI 取反	常闭触点逻辑开始	XYMSTC ├┤/├──(YMS)┤	X、Y、M、S、T、C	1
LDP 取脉冲	上升沿检测运算开始	XYMSTC ├┤↑├──(YMS)┤	X、Y、M、S、T、C	2
LDF 取脉冲	下降沿检测运算开始	XYMSTC ├┤↓├──(YMS)┤	X、Y、M、S、T、C	2
AND 与	常开触点串联连接	XYMSTCC ├┤├┤├──(YMS)┤	X、Y、M、S、T、C	1
ANI 与非	常闭触点串联连接	XYMSTC ├┤├┤/├(YMS)┤	X、Y、M、S、T、C	1
ANDP 与脉冲	上升沿脉冲串联连接	XYMSTC ├┤├┤↑├(YMS)┤	X、Y、M、S、T、C	2
ANDF 与脉冲	下降沿脉冲串联连接	XYMSTC ├┤├┤↓├(YMS)┤	X、Y、M、S、T、C	2
OR 或	常开触点并联连接	(YMS) XYMSTC	X、Y、M、S、T、C	1
ORI 或非	常闭触点并联连接	(YMS) XYMST	X、Y、M、S、T、C	1
ORP 或脉冲	上升沿脉冲并联连接	(YMS) XYMSTC	X、Y、M、S、T、C	2
ORF 或脉冲	下降沿脉冲并联连接	(YMS) XYMSTC	X、Y、M、S、T、C	2
ANB 电路块与	并联电路块串联连接	(YMS)	无	1

续表

指令助记符名称	功　能	电　路　表　示	操作元件	程序步
ORB 电路块或	串联电路块并联连接	─┤├─┤├─（YMS）─	无	1
OUT 输出	线圈驱动	─┤├─┤├─（YMS）─	Y、M、S、T、C	1～5
SET 置位	令元件自保持 ON	─┤├─[SET　YMS]─	Y、M、S	Y、M：1 S、特 M：2
RST 复位	令元件自保持 OFF	─┤├─[RST YMSDVZ]─	Y、M、S、D、V、Z	D、V、Z、 特 D：3
PLS 上升沿脉冲	上升沿输出脉冲	─┤├─[PLS　YM]─	Y、M	2
PLF 下降沿脉冲	下降沿输出脉冲	─┤├─[PLF　YM]─	Y、M	2
MC 主控	主控电路起点	─┤├─[MC N0 YM]─	Y、M	3
MCR 主控	主控电路终点	─┤├─[MCR　N0]─	无	2
MPS 进栈	数据存储	─┤├─┤├─（Y001）─	无	1
MRD 读栈	存储数据读出	MPS ─┤├─（Y002） MRD	无	1
MPP 出栈	存储数据读出与复位	─┤├─（Y003） MPP	无	1
INV 取反	运算结果取反	─┤├─┤/├─（ Y001 ）─ INV	无	
NOP 空操作	无动作		无	
END 结束	程序结束	程序结束,回到"0"步	无	1

附录 2 FX2N 系列 PLC 功能指令总表

分类	指令编号 FNC	指令助记符	指令格式、操作数				指令名称及功能简介	D命令	P命令
程序流程	00	CJ	S·				条件跳转; 程序跳转到[S·]P指针(P0~P127)指定处 P63 为 END 步序,不需指定		0
	01	CALL	S·				调用子程序; 程序调用[S·]P指针(P0~P127)指定的子程序,嵌套 5 层以下		0
	02	SPET					子程序返回; 从子程序返回主程序		
	03	IRET					中断返回主程序		
	04	EI					中断允许		
	05	DI					中断禁止		
	06	FEND					主程序结束		
	07	WDT					监视定时器; 顺控指令中执行监视定时器刷新		0
	08	FOR	S·				循环开始; 重复执行开始,嵌套 5 层以下		
	09	NEXT					循环结束; 重复执行结束		
传送和比较	010	CMP	S1·	S2·	D·		比较; [S1·]同[S2·]比较→[D·]	0	0
	011	ZCP	S1·	S2·	S·	D·	区间比较; [S·]同[S1·]→[S2·]比较→[D·],[D·]占 3 点	0	0
	012	MOV	S·		O·		传送; [S·]~[D·]	0	0

续表

分类	指令编号 FNC	指令助记符	指令格式、操作数					指令名称及功能简介	D 命令	P 命令
传送和比较	013	SMOV	S·	m1	m2	D·	n	移位传送； [S·]第 $m1$ 位开始的 $m2$ 个数位移到 [D·]的第 n 个位置 $m1,m2,n-1\sim4$		0
	014	CML	S·			D·		取反； [S·]取反→[D·]	0	0
	015	BMOV	S·		D·		n	块传送； [S·]→[D·](n 点→n 点),[S·] 包括文件寄存器,$n\leqslant512$		0
	016	FMOV	S·		D·		n	多点传送； [S·]↔[D·](1 点→n 点),$n\leqslant512$	0	0
	017	XCH	D1·			D2·		数据交换； [D1·]↔[D2·]	0	0
	018	BCD	S·			D·		求 BCD 码； [S·]6/32 位二进制数转换成 4/8 位 BCD→[D·]	0	0
	019	BIN	S·			D·		求二进制码； [S·]4/8 位 BCD 转换成 16/32 位二制 数→[D·]	0	0
四则运算和逻辑运算	020	ADD	S1·	S2·		D·		二进制加法：[S1·]+[S2·]→[D·]	0	0
	021	SUB	S1·	S2·		D·		二进制减法：[S1·]−[S2·]→[D·]	0	0
	022	MUI·	S1·	S2·		D·		二进制乘法：[S1·]×[S2·]→[D·]	0	0
	023	DIV	S1·	S2·		D·		二进制除法：[S1·]÷[S2·]→[D·]	0	0
	024	INC	D·					二进制加 1：[D·]+1→[D·]	0	0
	025	DEC	D·					二进制减 1：[D·]−1→[D·]	0	0
	026	AND	S1·	S2·		D·		逻辑字与：[S1·]∧[S2·]→[D·]	0	0
	027	OR	S1·	S2·		D·		逻辑字或：[S1·]∧[S2·]→[D·]	0	0
	028	XOR	S1·	S2·		D·		逻辑字异或：[S1·]∨[S2·]→[D·]	0	0
	029	NEG	D·					求补码：[D·]按位取反→[D·]	0	0
循环移位与移位	030	ROR	D·			n		循环右移；执行条件成立,[D·]循环右 移 n 位(高位→低→高位)	0	0
	031	ROL	D·			n		循环左移；执行条件成立,[D·]循环左 移 n 位(低位→高位→低位)	0	0
	032	RCR	D·			n		带进位循环右移；[D·]带进位循环右移 n 位(高位→低位→+进位→高位)	0	0
	033	RCL	D·			n		带进位循环左移；[D·]带进位循环左移 n 位(低位→高位→+进位→低位)	0	0

续表

分类	指令编号 FNC	指令助记符	指令格式、操作数				指令名称及功能简介	D 命令	P 命令
循环移位与移位	034	SFTR	S·	D·	n1	n2	位右移；n2 位[S·]右移→n1 位的[D·]，高位进，低位溢出		0
	035	SFTL	S·	D·	n1	n2	位左移；n2 位[S·]左移→n1 位的[D·]，低位进，高位溢出		0
	036	WSFR	S·	D·	n1	n2	字右移；n2 位[S·]右移→[D·]开始的 n1 字，高字进，低字溢出		0
	037	WSFL	S·	D·	nl	n2	字左移；n2 位[S·]左移→[D·]开始的 n1 字，低字进，高字溢出		0
	038	SFWR	S·		D·	n	FIFO 写入；先进先出控制的数据写入，$2 \leqslant n \leqslant 512$		0
	039	SFRD	S·		D·	n	FIFO 读出；先进先出控制的数据读出，$2 \leqslant n \leqslant 512$		0
数据处理 1	040	ZRST	D1·			D2·	成批复位；[D1·]~[D2·]复位，[D1·]<[D2·]		0
	041	DECO	S·		D·	n	解码：[S·]的 n(n=1~8)位二进制数解码为十进制数 0→[D·]，使[D·]的第 0 位为"1"		0
	042	ENCO	S·		D·	n	编码：[S·]的 2^n(n=8~1)位中的最高"1"位代表的位数(十进制数)编码为二进制数后→[D·]		0
	043	SUM	S·		D·		求置 ON 位的总和；[S·]中"1"的数目存入[D·]	0	0
	044	BON	S·		D·	n	ON 位判断；[S·]中第 n 位为 ON 时，[D·]为 ON(n=0~15)	0	0
	045	MEAN	S·		D·	n	平均值：[S·]中 n 点平均值→[D·](n=1~64)		0
	046	ANS	S·		m	D·	标志置位；若执行条件为 ON，[S·]中定时器定时 mms 后，标志位[D·]置位，[D·]为 S900~S999		0
	047	ANR					标志复位；被置位的定时器复位		0
	048	SOR		S·		D·	二进制平方根；[S·]平方根→[D·]	0	0
	049	FLT		S·		D·	二进制整数与二进制浮点数转换；[S·]内二进制数→[D·]二进制浮点数	0	0
高速处理	050	REF		D·		n	输入输出刷新；指令执行，[D·]立即刷新，[D·]为 X000,X010,…,Y000,Y010,…,n 为 8,16,…,256		0
	051	REFF			n		滤波调整；输入滤波时间调整为 nms，刷新 X0~X17,n=0~60		0

续表

分类	指令编号 FNC	指令助记符	指令格式、操作数				指令名称及功能简介	D命令	P命令
高速处理	052	MTT	S·	D1·	D2·	n	矩阵输入(使用一次;) n列8点数据以[D1·]输出的选通信号分时将[S·]数据读入[D2·]		
	053	HSCS	S1·	S2·	D·		比较置位(高速计数); [S1·]=[S2·]时,[D·]置位,中断输出到Y [S2·]为C235~C255	0	
	054	HSCR	S1·	S2·	D·		比较复位(高速计数); [S1·]=[S2·]时,[D·]复位,中断输出到Y,[D·]为C时,自复位	0	
	055	HSZ	S1·	S2·	S·	D·	区间比较(高速计数); [S·]与[S1·]~[S2·]比较,结果驱动[D·]	0	
	056	SPD	S1·	S2·	D·		脉冲密度; 在[S2·]时间(ms)内,将[S1·]输入的脉冲存入[D·]		
	057	PLSY	S1·	S2·	D·		脉冲输出(使用一次); 以[S1·]的频率从[D·]送出[S2·]个脉冲[S1·]:1~1000Hz	0	
	058	PWM	S1	S2·	D·		脉宽调制(使用一次); 输出周期[S2·]、脉冲宽度[S1·]的脉冲至[D·] 周期为1~36767ms,脉宽为1~36767ms,[D·]仅为Y0或Y1		
	059	PLSR	S1·	S2·	S3·	D·	可调速脉冲输出(使用一次); [S1·]最高频率:10~20000Hz; [S2·]总输出脉冲数;[S3·]增减速时间:5000ms以下;[D·]:输出脉冲,仅能指定Y0或Y1	0	
便利命令	060	IST	S·	D1·	D2·		状态初始化(使用一次);自动控制步进顺控中的状态初始化。[S·]为运行模式的初始输入;[D1·]为自动模式中的实用状态的最小号码;[D2·]为自动模式中的实用状态的最大号码		
	061	SER	S1·	S2·	D·	n	查找数据;检查以[S1·]为起始的n个与[S2·]相同的数据,并将其个数存于[D·]	0	0
	062	ABSD	S1·	S2·	D·	n	绝对值式凸轮控制(使用一次); 对应[S2·]计数器的当前值,输出[D·]开始的n点由[S1·]内数据决定的输出波形		

续表

分类	指令编号 FNC	指令助记符	指令格式、操作数				指令名称及功能简介	D命令	P命令
便利命令	063	INCD	S1·	S2·	D·	n	增量式凸轮顺控(使用一次); 对应[S2·]的计数器当前值,输出[D·]开始的 n 点由[S1·]内数据决定的输出波形。[S2·]的第二计数器计数复位次数		
	064	TIMR	D·			n	示数定时器;用[D·]开始的第二个数据寄存器测定执行条件 ON 的时间,乘以 n 指定的倍率存入[D·],n 为 0~2		
	065	STMR	S·	m	D·		特殊定时器;m 指定的值转成[S·]指定的定时器的设定值,[D·]开始的为延时断开定时器,其次为输入 ON→OFF 后的脉冲定时器,再次的是输入 OFF→ON 后的脉冲定时器,最后的是与前次状态相反的脉冲定时器		
	066	ALT	D·				交替输出;每次执行条件由 OFF→ON 的变化时,[D·]由 OFF→ON、ON→OFF、OFF→ON、…交替输出		0
	067	RAMP	S1·	S2·	D·	n	斜坡信号;[D·]的内容从[S1·]的值到[S2·]的值慢慢变化,其变化时间为 n 个扫描周期。n:1~32767		
	068	ROTC	S·	m1	m2	D·	旋转工作台控制(使用一次); [S·]指定开始的为工作台位置检测计数寄存器,其次指定为取出位置号寄存器,再次指定为要取工件号寄存器。m1 为分度区数,m2 为低速运行程; 完成上述设定,指令就自动在[D·]指定输出控制信号		
	069	SORT	S·	m1	m2	D·	n	列表数据排序(使用一次); [S·]为排序表的首地址。m1 为行号,m2 为列号; 指令将以 n 指定的列号,将数据从小开始进行整理排列,结果存入以[D·]指定的为首地址的目标元件中,形成新的排序表,m1:1~32,m2:1~6,n:1~m2		

分类	指令编号 FNC	指令 助记符	指令格式、操作数				指令名称及功能简介	D 命令	P 命令
外部 机器 I/O	070	TKV	S·	D1·	D2·		十：键输入（使用一次）；外部十键键号依次为0~9,连接于[S·],每按一次键,其键号依次存入[D1·],[D2·]指定的位元件依次为ON	0	
	071	HKY	S·	D1·	D2·	D3·	十六键（十六进制）输入（使用一次）；以[D1·]为选通信号,顺序将[S·]所按键号存入[D2·],每次按数字键以二进制存入,上限为9999,超出此值溢出；按A~F键,[D3·]指定位元件依次为ON	0	
	072	DSW	S·	D1·	D2·	n	数字开关（使用二次）；四位一组（n＝1）或四位二组（n＝2）BCD数字开关由[S·]输入,以[D1·]为选通信号,顺序将[S·]所键入数字送到[D2·]		
	073	SEGO	S·		D·		七段码译码：将[S·]低四位指定的0~F的数据译成七段码显示的数据格式存入[D·],[D·]高8位不变		0
	074	SEGL	S·		D·	n	带锁存七段码显示（使用二次）；四位一组（n＝0~3）或四位二组（n＝4~7）七段码,由[D·]的第2四位为选通信号,顺序显示由[S·]经[D·]的第1四位或[D·]的第3四位输出的值		
	075	ARWS	S·	D1·	D2·	n	方向开关（使用一次）；[S·]指定位移位与各位数值增减用的箭头开关,[D1·]数值经[D·]的第1四位由[D2·]的第2四位为选通信号,顺序显示。按位移位开关,顺序选择所要显示位：按位数值增减开关,[D1·]数值由0~9或9~0变化,n为0~3,选择选通位		
	076	ASC	S·		D·		ASC码转换：[S·]由微机输入的8个字节以下的字母数字。指令执行后,将[S·]转换为ASC码后送到[D·]		
	077	PR	S·		D0		ASC码打印（使用二次）；将[S·]的ASC码→[D·]		
	078	FROM	m1	m2	D·	n	BFM读出；将特殊单元缓冲存储器（BFM）的n点数据读到[D·],m1＝0~7,特殊单元特殊模块No:m2＝0~32676,缓冲存储器（BFM）号码；n＝0~32676,传送点数	0	0
	079	TO	m1	m2	S·	n	写入BFM；将可编程控制器[S·]的n点数据写入特殊单元缓冲存储器（BFM）,m1＝0~7,特殊单元特殊模块No:m2＝0~32767,缓冲存储器（BFM）号码；n＝0~32767,传送点数	0	0

续表

分类	指令编号 FNC	指令助记符	指令格式、操作数				指令名称及功能简介	D 命令	P 命令
外部机器 SER	080	RS	S·	m	D·	n	串行通信传送；使用功能扩展板进行发送接收串行数据；发送[S·]m 点数据至[D·]n 点数据：m、n:0~256		
	081	PRUN	S·		D·		八进制位传送：[S·]转换为八进制,送到[D·]	0	0
	082	ASCI	S·	D·	n		HEX→ASCII 变换；将[S·]内 HEX(十六进制)数据的各位转换成 ASCII 码向[D·]的高低各 8 位传送,传送的字符数由 n 指定,n:1~256		0
	083	HEX	S·	D·	n		ASCII→HEX 变换：将[S·]内高低各 8 位的 ASCII 字符码转换成 HEX 数据,每 4 位向[D·]传送。传送的字符数由 n 指定。n:1~256		0
	084	CCD	S·	D·	n		校验码：用于通信数据的检验。以[S·]指定的元件为起始的 n 点数据,将其高低各 8 位数据的总和校验检查[D·]与[D·]+1 的元件		0
	085	VRRD	S·		D·		模拟量输入：将[S·]指定的模拟量设定模板的开关模拟值 0~255 转换为 BIN8 位传送到[D·]		0
	086	VRSC	S·		D·		模拟量开关设定：[S·]指定的开关刻度 0~10 转换为 BIN8 位传送到[D·],[S·]：开关号码 0~7		0
	087								
	088	PID	S1·	S2·	S3·	D·	PID 回路运算：在[S1·]设定目标值；在[S2·]设定测定现在值；在[S3·]~[S3·]+6 设定控制参数值；执行程序时,运算结果被存入[D·],[S3·]：D0~D975		
	089								

续表

分类	指令编号 FNC	指令 助记符	指令格式、操作数					指令名称及功能简介	D 命令	P 命令
浮点运算	110	ECMP	S1·	S2·	D·			二进制浮点比较:[S1·]同[S2·]比较→[D·]。[D·]占3点	0	0
	111	EZCP	S1·	S2·	S·	D·		二进制浮点区间比较:[S·]同[S1·]~[S2·]比较→[D·]。[D·]占3点。[S1·]<[S2·]	0	0
	118	EBCD	S·		D·			二进制浮点转换十进制浮点:[S·]转换为十进制浮点到[D·]	0	0
	119	EBIN	S·		D·			十进制浮点转换二进制浮点:[S·]转换为二进制浮点到[D·]	0	0
	120	EADD	S1·	S2·	D·			二进制浮点加法:[S1·]+[S2·]→[D·]	0	0
	121	ESUB	S1·	S2·	D·			二进制浮点减法:[S1·]-[S2·]→[D·]	0	0
	122	EMUL	S1·	S2·	D·			二进制浮点乘法:[S1·]×[S2·]→[D·]	0	0
	123	EDIV	S1·	S2·	D·			二进制浮点除法:[S1·]÷[S2·]→[D·]	0	0
	127	ESOR	S·		D·			开方;[S·]开方→[D·]	0	0
	129	INT	S·		D·			二进制浮点→BIN整数转换:[S·]	0	0
	130	SIN	S·		D·			浮点 SIN 运算:[S·]角度的正弦→[D·]。0°≤角度<360°	0	0
	131	COS	S·		D·			浮点 COS 运算:[S·]角度的正弦→[D·]。0°≤角度<360°	0	0
	132	TAN	S·		D·			浮点 TAN 运算:[S·]角度的正切→[D·]。0°≤角度<360°	0	0
数据处理2	147	SWAP	S·					高低位变换;16位时,低8位与高8位交换;32位时,各个低8位与高8位交换	0	0
时钟运算	160	TCMP	S1·	S2·	S3·	S·	D·	时钟数据比较;指定时刻[S·]与时钟数据[S1·]时[S2·]分[S3·]秒[D·]占有3点		0
	161	TZCP	S1·	S2·	S3·		D·	时钟数据区域比较;指定时刻[S·]与时钟数据区域[S1·]~[S2·]比较,比较结果在[D·]显示。[D·]占有3点。[S1·]≤[S2·]		0
	162	TADD	S1·	S2·	D·			时钟数据加法;以[S2·]起始的3点时刻数据加上存入以[S1·]起始的3点时刻数据,其结果存入以[D·]起始的3点中		0
	163	TSUB	S1·	S2·	D·			时钟数据减法;以[S1·]起始的3点时刻数据减去存入以[S2·]起始的3点时刻数据,其结果存入以[D·]起始的3点中		0
	166	TRD	D·					时钟数据读出;将内藏的实时计数器的数据在[D·]占有的7点读出		0
	167	TWR	S·					时钟数据写入;将[S·]占有的7点数据写入内藏的实时计数器		0

续表

分类	指令编号 FNC	指令 助记符	指令格式、操作数		指令名称及功能简介	D 命令	P 命令
格雷码转换	170	GRY	S·	D·	格雷码变换； 将[S·]二进制值转换为格雷码，存入[D·]	0	0
	171	GBIN	S·	D·	格雷码逆变换； 将[S·]格雷码转换为二进制值，存入[D·]	0	0
接点比较	224	LD＝	S1·	S2·	触点型比较指令； 连接母线型接点，当[S1·]＝[S2·]时接通	0	
	225	LD＞	S1·	S2·	触点型比较指令； 连接母线型接点，当[S1·]＞[S2·]时接通	0	
	226	LD＜	S1·	S2·	触点型比较指令； 连接母线型接点，当[S1·]＜[S2·]时接通	0	
	228	LD＜＞	S1·	S2·	触点型比较指令； 连接母线型接点，当[S1·]＜＞[S2·]时接通	0	
	229	LD≤	S1·	S2·	触点型比较指令； 连接母线型接点：当[S1·]≤[S2·]时接通	0	
	230	LD≥	S1·	S2·	触点型比较指令； 连接母线型接点：当[S1·]≥[S2·]时接通	0	
	232	AND＝	S1·	S2·	触点型比较指令； 串联型接点，当[S1·]＝[S2·]时接通	0	
	233	AND＞	S1·	S2·	触点型比较指令； 串联型接点，当[S1·]＞[S2·]时接通	0	
	234	AND＜	S1·	S2·	触点型比较指令； 串联型接点，当[S1·]＜[S2·]时接通	0	
	236	AND＜＞	S1·	S2·	触点型比较指令； 串联型接点，当[S1·]＜＞[S2·]时接通	0	
	237	AND≤	S1·	S2·	触点型比较指令； 串联型接点，当[S1·]≤[S2·]时接通	0	
	238	AND≥	S1·	S2·	触点型比较指令； 串联型接点，当[S1·]≥[S2·]时接通	0	
	240	OR＝	S1·	S2·	触点型比较指令； 并联型接点，当[S1·]＝[S2·]时接通	0	
	241	OR＞	S1·	S2·	触点型比较指令； 并联型接点，当[S1·]＞[S2·]时接通	0	
	242	OR＜	S1·	S2·	触点型比较指令； 并联型接点，当[S1·]＜[S2·]时接通	0	
	244	OR＜＞	S1·	S2·	触点型比较指令； 并联型接点，当[S1·]＜＞[S2·]时接通	0	
	245	OR≤	S1·	S2·	触点型比较指令； 并联型接点，当[S1·]≤[S2·]时接通	0	
	246	OR≥	S1·	S2·	触点型比较指令； 并联型接点，当[S1·]≥[S2·]时接通	0	

附录3 FX2N系列PLC的特殊辅助继电器

1. PLC状态

元件号/名称	动作功能	元件号/名称	寄存器内容
M8000(§) RUN监控常开触点		D800 警戒时钟	初始设置值：100ms(PC电源接通时将ROM中的初始数据写入)可以1ms为增量单位改写
M8001(§) RUN监控常闭触点		D8001(§) PC型号及系统版本	2 1 0 2　↑FX　↑V1.02 BCD数据
M8002(§) 初始脉冲常开触点		D8002(§) 存储器容量	0002～2K 步 0004～4K 步 0008～8K 步
M8003(§) 初始脉冲常闭触点		D8003(§) 存储器类型	RAM/EEPROM/EPROM 内装/外接存储卡保护开关 ON/OFF状态
M8004(§) 出错	M8060和/或M8067接通时为ON	D8004(§) 出错M编号	8 0 8 0　BCD数据 8060~8068 (M8004 ON)
M8005(§) 电池电压低下	电池电压异常低下时动作	D8005(§) 电池电压	当前电压值(BCD码)，以0.1V为单位 0 0 0 3 0
M8006(§) 电池电压低下锁存	检出低电压后，若为ON，则将其值锁存	D8006(§) 电池电压低下时电压	初始值：3.0V，PC上电时由系统ROM送入
M8007(§) 电源瞬停检出	M8007 ON的时间比D8008中数据短，则PC将继续运行	D8007(§) 瞬停次数	存储M8007 ON的次数，关电后数据全清
M8008(§) 停电检出	参照下图若ON→OFF就复位	D8008(§) 停电检出时间	初始值10ms(1ms为单位)上电时，读人系统ROM中数据，参照下图
M8009(§) DC 24V关断	基本单元、扩展单元、扩展块的任一DC 24电源关断则接通	D8009 DC 24V关断的单元号	写入DC 24V关断的基本单元、扩展单元、扩展块中最小的输入元件号

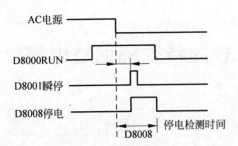

注：① 用户程序不能驱动标有(§)记号的元件。
② 除非另有说明,D 中的数据通常用十进制表示。

　　当用 220V 交流电源供电时,D8008 中的电源停电时间检测周期可用程序在 10～100ms 之内修改。

2. 时钟

元件号/名称	动作/功能	元件号/名称	寄存器内容
M8010		D8010(§) 当前扫描时间	当前扫描周期时间(以 0.1ms 为单位)
M8011(§) 10ms 时钟	每 10ms 发一脉冲	D8011(§) 最小扫描时间	扫描时间的最小值(以 0.1ms 为单位)
M8012(§) 100ms 时钟	每 100ms 发一脉冲	D8012 最大扫描时间	扫描时间的最大值(以 0.1ms 为单位)
M8013(§) 1s 时钟	每 1s 发一脉冲	D8013	
M8014(§) 1min 时钟	每 1min 发一脉冲	D8014	
M8015		D8015	
M8016		D8016	
M8017		D8017	
M8018		D8018	
M8019		D8019	

3. 标志

元件号/名称	动作/功能	元件号/名称	寄存器内容
M8020(§) 零标志	加、减运算结果为"0"时置位	D8020	
M8021(§) 借位标志	减运算结果小于最小负数值时置位	D8021	
M8022(§) 进位标志	加运算有进位时或结果溢出时置位	D8022	
M8023		D8023	
M8024		D8024	
M8025	外部复位 HSC 方式	D8025	

续表

元件号/名称	动作/功能	元件号/名称	寄存器内容
M8026	RAMP 保持方式	D8026	
M8027	PR16 数据方式	D8027	
M8028		D8028（§）	Z 数据寄存器
M8029（§） 指令执行完成	指令完成时置位 如 FNC 72（DSW）	D8029（§）	V 数据寄存器

4. PC 模式

元件号/名称	动作/功能	元件号/名称	寄存器内容
M8030（§） 电池欠压 LED 灯灭	M8030 接通后即使电池电压 低下，PC 面板上的 LED 也 不亮	D8031	
M8031 全清非保持存 储器	当 M8031 和 M8032 为 ON 时，Y、M、S、T 和 C 的映像寄存 器及 T、D、C 的当前值寄存器 全部清"0"。由系统 ROM 置预 置值的数据寄存器和文件寄存 器中的内容不受影响	D8031	
M8032 全清保持 存储器		D8032	
M8033 存储器保持	PC 由 RUN→STOP 时，映像 寄存器及数据寄存器中的数据 全部保留	D8033	
M8034 禁止所有输出	虽然外部输出端全为 "OFF"，但 PC 中的程序及映像 寄存器仍在运行	D8034	
M8035① 强制 RUN 方式	用 M8035、M8036、M8037 可 实现双开关控制 PC 启/停，即 RUN 为启动按钮，X00 为停止 按钮②	D8035	
M8036① 强制 RUN 信号		D8036	
M8037① 强制 STOP 信号		D8037	
M8038		D8038	
M8039 定时扫描方式	M8039 接通后，PC 以定时扫 描方式运行，扫描时间由 D8039 设定	D8039 定时扫描时间	初始值，0ms，PC 上电时由系 统 ROM 送入，可以 1ms 为单位 改变

注：① 当 PC 由 RUN→STOP 时，M 继电器关断。

② 无论 RUN 输入是否为 ON，当 M8035 或 M8036 由编程强制为 ON 时，PC 运行。在 PC 运行时，若 M8037 强制置 OFF，PC 停止运行。

5. 步进顺控

元件号/名称	动作/功能	元件号/名称	寄存器内容
M8040 禁止状态转移	M8040 接通时禁止状态转移	D8040（§） ON 状态编号 1	
M8041① 状态转移开始	自动方式时从初始状态开始转移	D8041（§） ON 状态编号 2	
M8042① 启动脉冲	启动输入时的脉冲输出	D8042（§） ON 状态编号 3	状态 S0～S999 中正在动作的状态的最小编号，存在 D8040 中，其他动作的状态号由小到大依次存在 D8041～D8047 中（最多 8 个）
M8043 回原点完成	原点返回方式的结束后接通	D8043（§） ON 状态编号 4	
M8044① 原点条件	检测到机械原点时动作	D8044（§） ON 状态编号 5	
M8045 禁止输出复位	方式切换时，不执行全部输出的复位	D8045（§） ON 状态编号 6	
M8046（§） STL 状态置 ON	M8047 ON 时若 S0～S899 中任一接通则 ON	D8046（§） ON 状态编号 7	
M8047 STL 状态监控有效	接通后 D8040～D8047 有效	D8047（§） ON 状态编号 8	
M8048（§） 报警器接通	M8049 接通后 S900～S999 中任一为 ON 时接通	D8046	
M8049（§） 报警器有效	接通时 D8049 的操作有效	D8049（§） ON 状态最小编号	存储报警器 S900～S999 中 ON 状态的最小编号

注：① PC 由 RUN→STOP 时 M 关断。
② 执行 END 指令时所有与 STL 状态相连的数据寄存器都被刷新。

6. 禁止中断

元件号/名称	动作/功能	元件号/名称	寄存器内容
M8050 10××禁止	由 FNC（EI）开中断后,可通过相应特殊辅助继电器禁止个别中断输入	D8050	
M8051 11××禁止	例如，当 M8050 为 ON 时，10×× 中断被禁止	D8051	
M8052 12××禁止		D8052	
M8053 13××禁止		D8053	
M8054 14××禁止		D8054	
M8055 15××禁止	由 FNC（EI）开中断后,可通过相应特殊辅助继电器禁止个别中断输入	D8055	
M8056 16××禁止	例如，当 M8050 为 ON 时，10×× 中断被禁止	D8056	
M8057 17××禁止		D8057	
M8058 18××禁止		D8058	
M8059		D8059	

7. 出错检测

编 号	名 称	PROGE灯	PC状态	编 号	数据寄存器的内容	
M8060(§)①	I/O编号错	OFF	RUN	M8060①(§)	引起I/O编号错的第一个I/O元件号	
M8061(§)	PC硬件错	闪动	STOP	M8061(§)	PC硬件出错码编号	见出错码表
M8062(§)	PC/PP通信错	OFF	RUN	M8062(§)	PC/PP通信错的错码编号	见出错码表
M8063(§)	并机通信错	OFF	RUN	M8063(§)	开机通信错码编号	见出错码表
M8064(§)	参数错	闪动	STOP	M8064§	参数错的错码编号	见出错码表
M8065(§)	语法错	闪动	STOP	M8065(§)	语法错的错码编号	见出错码表
M8066(§)	电路错	闪动	STOP	M8066(§)	电路错的错码编号	见出错码表
M8067(§)③	操作错	OFF	RUN	M8067(§)③	操作错的错码编号	见出错码表
M8068	操作错锁存	OFF	RUN	M8068	操作错步序编号(锁存)	
M8069	I/O总线检查②	—	—	M8069(§)②	M8065～M8067错误的步序号	

注：① 如果对应于程序中所编的I/O号(基本单元、扩展单元、扩展模块上的)并未装在机上,则M8060置ON,其最小元件号写入D8060中。

② M8069接通后. 执行I/O总线校验,如果有错,将写入出错码6013且M8061置ON。

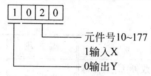

③ 当PC由STOP→ON时断开。

8. 通信及特殊操作

元 件 号	操作/功能	元 件 号	数据寄存器内容
M8070	联机运行作为主站时 ON	D8070(§)	确认联机运行出错等待时间500ms
M8071	联机运行作为从站时 ON	D8071	
M8072(§)	联机运行时 ON	D8072	
M8073(§)	联机运行时 M8070/M8071 设置不正确时 ON	D8073	
M8074		D8074	采样剩余次数
M8075	采样扫描准备开始指令	D8075	采样次数设置(1～512)
M8076	采样扫描运行开始指令	D8076	采样周期
M8077	采样扫描运行中标志	D8077	触发器指定
M8078	采样扫描结束标志	D8078	触发条件元件编号设置
M8079	扫描次数 512 次以上 ON	D8079	采样数据指针
M8080		D8080	位元件编号 No.0
M8081		D8081	位元件编号 No.1
M8082		D8082	位元件编号 No.2
M8083		D8083	位元件编号 No.3
M8084		D8084	位元件编号 No.4

元 件 号	操作/功能	元 件 号	数据寄存器内容
M8085		D8085	位元件编号 No. 5
M8086		D8086	位元件编号 No. 6
M8087		D8087	位元件编号 No. 7
M8088		D8088	位元件编号 No. 8
M8089		D8089	位元件编号 No. 9
M8090		D8090	位元件编号 No. 10
M8091		D8091	位元件编号 No. 11
M8092		D8092	位元件编号 No. 12
M8093		D8093	位元件编号 No. 13
M8094		D8094	位元件编号 No. 14
M8095		D8095	位元件编号 No. 15
M8096		D8096	字元件编号 No. 0
M8097		D8097	字元件编号 No. 1
M8098		D8098	字元件编号 No. 2
M8099	高速环形计数器操作	D8099	环形计数器增计数,计数范围 0~32767(以 0.1ms 为单位)

9. 加/减计数器

编 号	功 能	编 号	功 能
M8200~M8234	M8000 为 ON,则计数器 C□□□为减计数方式,为 OFF 时,为加计数方式	D8200~D8234	

注: M8100~M8199 及 D8100~D8199 未使用。

10. 高速计数器

编 号	功 能	编 号	寄存器内容
M8235		D8235(§)	
M8236		D8236(§)	
M8237		D8237(§)	
M8238		D8238(§)	
M8239		D8239(§)	
M8240		D8240(§)	
M8241	M8□□□为 ON 时,单相高速计数器 C□□□为减计数方式,为 OFF 时,为加计数方式	D8241(§)	保留为将来扩展功能用,用户编程时不要使用
M8242		D8242(§)	
M8251(§)		D8251(§)	
M8252(§)		D8252(§)	
M8253(§)		D8253(§)	
M8254(§)		D8254(§)	
M8255(§)		D8255(§)	
M8250(§)		D8250(§)	

参 考 文 献

[1] 李金城.三菱 FX2N 系列 PLC 功能指令应用详解[M].北京:电子工业出版社,2011.

[2] 崔金华.电器及 PLC 控制技术与实训[M].北京:机械工业出版社,2011.

[3] 牛百齐,曹秀梅.电气控制与 PLC 应用[M].北京:机械工业出版社,2014.

[4] 张豪.三菱 PLC 应用案例解析[M].北京:中国电力出版社,2012.

[5] 向晓汉,王宝银.三菱 FX 系列 PLC 完全精通教程[M].北京:化学工业出版社,2012.

[6] 徐荣华,吕桃.可编程控制器 PLC 应用技术[M].北京:电子工业出版社,2012.

[7] 杨少光.机电一体化设备组装与调试赛题集[M].北京:机械工业出版社,2012.

[8] 梁庆保.变频器、可编程序控制器、触摸屏及组态软件综合应用技术[M].北京:机械工业出版社,2012.

[9] 张振国,方承远.工厂电气与 PLC 控制技术[M].北京:机械工业出版社,2011.

[10] 肖明耀,代建军.三菱 FX3U 系列 PLC 应用技能实训[M].北京:中国电力出版社,2015.

[11] 王国海.可编程序控制器及其应用[M].北京:中国劳动社会保障出版社,2007.

[12] 程周.机电一体化设备组装与调试备赛指导[M].北京:高等教育出版社,2010.

[13] 廖常初.PLC 编程及应用[M].北京:机械工业出版社,2014.